认知税

为什么智商高的人也会做蠢事

水木然◎著

COGNITIVE
TAX

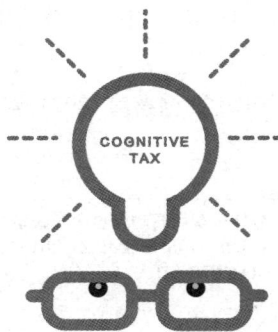

中国水利水电出版社
www.waterpub.com.cn

·北京·

内 容 提 要

　　本书语言生动流畅，案例与理论鲜明而不枯燥。作者深入浅出、层层推进，首先介绍了提升认知对个人成长、生活的重要性，然后从价值规律、定律、社会真相、人性、个人、商业、精进七个角度进行解读。通过剖析当下的一些问题，利用高认知视角解读现象的本质和其中所包含的根本规律，能帮助读者提升认知维度、突破自我、走出自我"认知监狱"、看清事物的本质，从而走出认知烦恼和焦虑。

图书在版编目（ＣＩＰ）数据

　　认知税 ：为什么智商高的人也会做蠢事 / 水木然著
. -- 北京 ：中国水利水电出版社，2021.9（2022.4重印）
　ISBN 978-7-5170-9835-5

　　Ⅰ．①认… Ⅱ．①水… Ⅲ．①成功心理—通俗读物
Ⅳ．①B848.9-49

　　中国版本图书馆CIP数据核字(2021)第165674号

书　　名	认知税：为什么智商高的人也会做蠢事 RENZHI SHUI: WEISHENME ZHISHANG GAO DE REN YEHUI ZUO CHUNSHI
作　　者	水木然　著
出版发行	中国水利水电出版社 （北京市海淀区玉渊潭南路1号D座　100038） 网址：www.waterpub.com.cn E-mail：sales@mwr.gov.cn 电话：（010）68545888
经　　售	北京科水图书销售有限公司 电话：（010）68545874、63202643 全国各地新华书店和相关出版物销售网点
排　　版	北京水利万物传媒有限公司
印　　刷	朗翔印刷（天津）有限公司
规　　格	145mm×210mm　32开本　8.5印张　150千字
版　　次	2021年9月第1版　2022年4月第2次印刷
定　　价	49.00元

"认知资本" 才是社会未来的资本

哲学家叔本华说："世界上最大的监狱，是人的思维意识。"我们每个人都被自己的思维牢牢地禁锢着。

如果仔细回想我们以往犯过的错误，或者失去的各种机会，你就会发现：绝大多数过失都是由我们自己的"认知局限"带来的，不是别人蓄意破坏的，更不是环境造成的。

所以人的一生，就是不断地对抗自己认知局限的过程。

人的认知一旦得到突破，思维就会被彻底打开，不仅可以看到一个更加透彻、真实的世界，还能一眼看到本质，瞬间抓住要点，更容易处理复杂的事情、轻松驾驭生活。

无论是在生活中还是工作中，认知水平高的人能一眼看穿全局，比认知低的人先主导全局。

认知水平越高的人，看事情就能越客观，他们遵从本质和规律办事，因而能够做出更有利的选择，也更容易成功。

认知水平越低的人，看事情越主观，容易被表象所迷惑，容易有偏见，喜欢盲从，也更容易失败。

就像电影《教父》里说的，在一秒钟内看到事情本质的人，和半辈子也看不清事情本质的人，自然是不一样的命运。

未来不是人赚钱，而是钱找人。未来只靠产品赚钱会越来越难，因为随着人类生产效率的提高，到一定程度之后，有形产品只是文化的附属。

认知就是未来社会的"精神高地"，无形的东西将越来越能决定有形的东西。财富会流向最匹配它的人，就是那些认知水平高的人。未来，你拥有多少"认知资本"，就决定了你拥有多少财富。

其实，人的一生都在为自己的认知买单。

你所赚的每一分钱，都是你对这个世界认知的变现；你所亏的每一分钱，都是因为对这个世界认知有缺陷而造成的。

你永远赚不到超出你认知范围之外的钱，除非靠运气，但是靠运气赚到的钱，最后往往又会靠实力亏掉，这是一种必然。

因此，未来最好的投资，就是对自己认知的投资。

为什么认知水平低的人容易被忽悠呢？

比如，假如有人对你说：你只要给我100元，我就教你马上能赚到1000元的方法。你愿不愿意？

我相信绝大多数人都会愿意，因为马上就能赚钱，多么实际的方案，当然需要啊。

可是当你把100元交给他的时候，他会告诉你：马上去找10个像你一样的人。

看似如此合理，却又如此荒唐，这就是传销和很多骗局的本质。

对于赚钱来说，一般都是内行人赚外行人的钱。而对于骗局来说，一般都是高认知的人能骗到低认知的人。

当一个人讲的每一句话，都没有超出你的认知范围的时候，他永远忽悠不了你。相反，当一个人讲的话，句句都让你感觉如梦初醒、醍醐灌顶时，你就很容易会被他牵着走。

那么，有知识、有文化、有学历的人就一定有高认知吗？

未必！很多读到博士的人，照样轻而易举地被人骗，因为有知识的人并不一定有才华，有才华的人并不一定有智慧。认知的本质是智慧，它比知识高了两个维度。

那些在庞氏骗局上的接盘者，其认知水平往往都比较低，他们的认知根本不足以驾驭他们所拥有或继承的财富。

财富只留给配得上它的人。当一个人的认知和财富不匹配的时候，社会就有很多种方法对其拥有的财富进行收割。

认知资本，是未来社会的核心资本。毫不夸张地说，未来的竞争，其实都是抢占"认知高地"的竞争。

在未来社会中，认知水平高的人会掌握更多的资源，收获更多的财富。他们利用掌握的资源和工具，不断迭代自己的认知，不断攀登和占领认知高地。

认知水平越低的人，往往越固执，越自以为是。如果是不能及时改变自己的思维方式，增加自己的知识储备，自我认知就会愈发受到局限，很容易让自己走进死胡同，止步不前。

提升自我"认知资本"，是人生逆袭的根本，也是谨防被收割的根本。不过，在最后，我仍然想提醒大家：

人生最难得的，不是你翻越认知障碍之后看到了真正的风景。

人生最难得的，是当你"一览众山小"之后，还能守住那颗初心。

善良如初，天真依旧。

"认知税"是这个世界上最昂贵的税种

你所赚的每一分钱，都是你对这个世界认知的变现；你所亏的每一分钱，都是因为对这个世界认知有缺陷而造成的，这就是你向世界缴纳的"认知税"。提升自己的认知才能避免自己交更多的认知税！

第一章
Chapter 1

提升认知
——盘点一下你的认知税

人的一生都在为自己的认知买单

未来要么交越来越贵的"认知税"，要么就是打越来越残酷的"认知战"。认知水平高的人利用掌握的资源和工具，不断迭代自己的认知，不断攀登和占领认知高地。

第二章
Chapter 2

价值规律
——价值的迭代不是产品，而是人的认知

第三章
Chapter 3

定 律
——认知定律所总结的表象可达事物本质

认知资本是未来最大的资本

财富会流向最匹配它的人，就是那些认知水平高的人。未来你拥有多少"认知资本"就决定了你拥有多少财富。当一个人的认知和财富不匹配的时候，社会就会用很多种方法让他以"认知税"的方式交出。因此，未来最好的投资就是对自己认知的投资。

第六章
Chapter 6

对未来个体的认知
——人人都是价值主体

第七章
Chapter 7

对未来商业的认知
——生意终将死亡，唯有文化生生不息

"认知税"是这个世界上最昂贵的税种

你所赚的每一分钱，都是你对这个世界认知的变现；你所亏的每一分钱，都是因为对这个世界认知有缺陷而造成的，这就是你向世界缴纳的"认知税"。提升自己的认知才能避免自己交更多的认知税！

第一章

Chapter 1

第一章

Chapter 1

提升认知

——盘点一下你的认知税

认知维度

一

第一个维度：形成主见

人人都有想法，人人都在发表自己的看法，但这并不代表人人都有"主见"。

很多人遇到问题时内心会有很多疑惑，犹豫不决，他们很容易被有主见的人带着走。或者他们总是被自己的情绪和偏见所操控，听不进去别人的意见，活在自己狭隘的世界里。

主见需要建立在强大的独立思考的能力之上，它是在经验、学识等基础上形成的综合逻辑判断能力。

在互联网时代，人最需要主见来自我分析和处理庞杂的互联网信息。一个没有主见的人，只会在信息的汪洋大海里随波逐流，迷失自我。

有主见的人，心明如镜，做事果敢，当机立断，执行能力强，这是当下时代必备的基本素质之一。

二
第二个维度：发现不同

有主见的人，才能发现和自己主见不同的人，从而善于发现自己没有的特质，并且又能接纳这种不同，这需要的是智慧和勇气。

发现不同才能发现矛盾。一阴一阳之谓道，孤阴不生，独阳不长，同时把握住阴和阳两个对立面，让阴阳两面达成平衡与和解的局面才能解决问题。

"君子和而不同"，那些能够接纳和自己主见不同的人，体现的是一种格局，更是一种智慧。

彼此不一样没关系："道并行而不相悖"，只要能互相尊重，各行其是也是可以的。互补的两个人聚在一起就是两个字——和谐。

但是，很多人到了这一层就无法提升了，因为他们内心总是不能做到尊重和自己主见不同的人，也正是因此，他们无法变得更包容、更强大。

三

第三个维度：取长补短

找到和自己主见不同的人，应该如何取长补短？

人的内心深处都有一种"自我认可"的机制，绝大多数人都会在大脑里搜寻证据来表明自己才是正确的，而别人都是错误的荒谬的，这是人性的一种普遍表现。

而格局大的人，懂得把自己的姿态放低，用谦卑的心态去学习，善于取长补短，或者有意识地强化自己某方面的认知或能力。

人的认知维度到了这一层，已经算是人才了。

四

第四个维度：创造性运用

懂得了取长补短的道理，接下来就是创造性运用了。

有不同就会有碰撞，有碰撞才能激荡出新的事物。能够尊重不同事物，并且主动大胆地去改变自己的人，才可能会取得创造性的成果！

赵武灵王推行胡服骑射，让中原人穿胡人的服装，骑上战马，学习在马上射箭，再结合中原先进的军事化管理，这就是一项创新性的成果，使得赵国的国力大大加强。

他说："愚蠢的人会嘲笑我，但聪明的人会明白我。即使天下的人都嘲笑我，我也要这么做，一定能把北方胡人的领地重新夺回来！"

还有后来的北魏孝文帝推行汉化，主动穿汉服、说汉话，迁都中原，甚至改姓、通婚，这是一件多么了不起的事情！

五
第五个维度：化繁为简

当你已经能熟练地运用创造性思维的时候，你就逐渐从万变中找到了不变。

大道至简，事物总是先从简单到复杂，再从复杂回到简单。

这时你再面对其他复杂事物的时候，就能在短时间内看到它的本质，对事物了然于心。

将复杂的事简单化，再使简单化的事逻辑化，你就能锻炼出强大的推理能力，从各种表象里看到事情的本质。

六

第六个维度：方法论

到了这一层，你已经不用关注理论了。

所有摆在你面前的问题，你都能迅速地拿出相对比较合适的解决方案，这就是"方法论"。

一切道理到最后都是对现实问题的解决。能不能实现这一步的跨越，就是检验一个人是理论型人才还是实干型人才的关键。

从关注"理论"升级到关注"方法"，是一个人维度的大升级，这是一个人锻炼和修行的结果。

七

第七个维度：一览众山小

到了这一个维度，你虽然身处俗世，却超越了俗世。

你可以有世俗的成就，却没有了世俗的烦恼。

理论也好，实践也好，那都是世人给自己设的界限。

这时即便看山还是山，看水还是水，但心境已截然不同，自我生命的体验和感受也和以前完全不同。

八

第八个维度：晶莹通透

到了认知的第八个维度，你已经不想再说一句多余的话，你可以一眼看穿事物的本质，开始专注自己的事情，走自己应该走的路。

与此同时，你说的每句话都晶亮透彻，因为所有的事在你心中都非常通透，你对事物的感知也越来越精准。正是因为看透了规律和大势，所以你心如止水，知道该来的都会来，该走的都会走。

你看透了得失相生、福祸相依，各种俗事在你眼里不过是开怀一笑。

我们都如此渴望精彩的人生，到了这一层你终于发现：最完美的人生竟是内心的淡定和从容。

那时，世界的浮华已经和你无关，你成了一个晶莹通透的人。

认知低者的四大表现

一

很爱争辩，本能防卫

不成熟的人，非常喜欢争辩。他们会本能地顾及自己的面子，总是希望通过争辩来证明自己的正确性。越是成熟的人，越少争辩。成熟的人深知沉默是金，话不在多，而在于如何精炼地表达到位。言多必失，往往说话越多，误会也就会越多。成熟的人深刻知道，理解他们的人，其实无须说过多的话；而不理解他们的人，即使说再多也无济于事。

一个很爱争辩的人，无非在向他人传达两层意思：一是表现和证明自己的正确性；二是对全局掌控不到位，向别人泄露了自己的自信不足。

二

要么自卑，要么傲慢

不成熟的人，骨子里往往表现出自卑或傲慢。

自卑是对自己的轻视与怀疑。傲慢则是太过于看重自己，忽视了其他人的意见。

一般来说，成熟的人不会过度自卑与傲慢。他们深深懂得敬畏与谦卑。

过度自卑是在为自己的成长制造障碍；而过于傲慢是在为自己制造敌人与是非。

自卑与傲慢都会让我们错失自我成长的机会和认识真相的可能。为什么在水中溺亡的人，大多是一些水性较好的人？正是因为水性较好，他们缺乏对环境的敬畏，自认为很厉害，以至于减少了对风险的评估，这是一些水性较好的人溺水身亡的关键。

真正内心成熟的人，不会被风险阻碍自我成长进步，同时又敬畏风险，这是自我成熟的表现。

真正内心成熟的人能基于事实做出准确的判断，而不是过度依赖完全的直觉与自我的经验限制，这是他们智慧之处。

三
总是希望走捷径

国学大师钱穆曾说："古往今来有大成就者，诀窍无他，都是能人肯下笨劲。"

不成熟的人往往会渴望走捷径，他们的大脑总是被各种欲望速成广告填满。比如：三十天速成百万富翁。这些一看就不合常理、不合逻辑的广告，但他们却很容易上当受骗。

真正的聪明人知道只有在学业上下笨功夫才能练就扎实的基础，也才能拥有充足的后劲。

作家路遥为了写《平凡的世界》，专门租了一间安静的房子。他在写作期间拒绝任何客人来访，以此避免自己被人打搅，因为他需要整块的时间进行创作。

路遥几乎每天凌晨三四点才睡。他的早上都是从中午开始。为了写作，他从下午一直工作到深夜。

在他看来，写作是非常耗费精力的事情。他曾说过，只有拥有初恋般的热情和宗教般的意志，人才有可能成就某种事业。

这就是一个真正聪明的人愿意做的笨功夫。只有在时间的沉淀下，倾注专注与持续的激情才会做出最好的事业。

四
喜欢后悔，犹豫不决

不成熟的人，内心后悔的事情就比较多，这是由于遇事看不到真相，总是犹豫不决。

真正成熟的人很少后悔，因为他们的每个决策都深思熟虑以追求最大限度地符合客观实际。

真正成熟的人在做关键决策时喜欢听从内心的声音。他们愿意承担自己的决策可能带来的风险。

总而言之，不成熟的人爱争辩，以此证明自己的厉害；他们非常傲慢，缺乏敬畏之心，并且较为浮躁，不愿意下笨功夫。

他们做事往往犹豫，而后又为错失良机后悔不已，这是他们人生苦恼的根源所在。

真正成熟的人懂得万事万物相互联系和合作。

人生之路漫长，不断修炼提升才是成就自我最好的方法。

人生最大的幸运，是撬开"认知枷锁"

一

认知闭环

人生最大的不幸，是观念上的先入为主使我们过早地形成了"小认知闭环"，并且被紧紧地禁锢住，无法看到更大的世界。

人生最大的幸运，是遇到了那么一个人或一件事，让我们清醒地看到了自己认知的局限，突破自我的"思维监狱"，并重新构建更大的认知闭环。

人生破局的关键，就在于不断地构建"大认知闭环"，从而提升自己的格局，领略更多的人生风景。

二

认知差距

往往社会越发达、科技水平越高，人与人之间的智力差距就越来越大，认知差距也会越来越大。

社会发展水平越高，财富和信息资源的流动性就会越好。此时，财富会加剧流向更有钱的人，而信息资源会被高认知水平的人掌控，从而去影响和引领那些低认知水平的人。

未来世界将被分割成一个个的小单元格，相同认知水平的人被放在同样的单元格里，单元格的墙壁十分坚实，每个人都活在自己的信息茧房（认知监狱）里。这些人之间互相肯定和认可，拥有共同的一片天。

在当今各种数据算法的配合下，未来的内容生产和推送机制将更高明，可以精准地给每个单元格投放他们最想要的东西，这些人未来都将会被大数据和算法"喂养"。

三

低认知的人是谁？

低认知的人需要的不是成长、被唤醒或是价值，而是情绪安慰、麻醉和幻象，是短平快的各种刺激。

互联网上各种带有情绪和偏见的信息传播速度很快，人群所知度较高，而低认知的人自以为掌握了各种真理和知识，其实他们只是把情绪当理性，把信息当知识，把偏见当思想。

未来低认知的人都将越来越野蛮化，他们会越来越依靠本能、情绪和应激反应去处理各种事情。人如果对自己不加控制，其群体效应就会越来越明显，最终走向群体的非理性，成为一群"乌合之众"。

未来世界会变得错落有致、井井有条，开启智能化管理。其实，人类文明的进化，只不过是"高认知"的人对"低认知"的人管理方式的不断升级。要想实现阶层跃迁，就看你能否打破自己的"信息茧房"了。

四

高认知的人是谁？

高认知的人具备完整的独立思考的能力，他们不断地引领社会进步，维护社会秩序，站在人类社会的最顶层。

高认知的人能通过自律、学习、精进等成功地进行"延迟满足"。面对大千世界，他们练就了一颗如如不动之心，时刻保持着"精进"。他们越来越自律，他们的认知水平不断提升，不断影响着其他的人。

这也说明了为什么如今越低级的骗局深信的人却越多，为什么越低级的内容却越有市场。

最后跟大家分享一段话：

有一种状态叫觉醒。

如果幸福不能让你觉醒，那就用烦恼；

如果烦恼不能让你觉醒，那就用痛苦；

如果痛苦不能让你觉醒，那就用疾病；

如果疾病不能让你觉醒，那就用生命。

一切遭遇，只为感化你。

一切坎坷，只为唤醒你。

我没办法告诉你，觉醒能让你得到什么。

但我可以告诉你，觉醒让你能做到什么：

我只是在别人贪婪的时候，可以知足；

我只是在别人发怒的时候，可以平和；

我只是在别人恐惧的时候，可以安定；

我只是在别人烦恼的时候，可以解脱；

我只是在别人愚痴的时候，可以清醒；

我只是在别人绝望的时候，看到希望。

这就是觉醒。

如何一眼看清真相

很多人都活在假象里。

有人可能会说："不对啊，这个世界明明信息越来越透明，怎么可能大家都看不到真相呢？"

这就是这个世界的神奇之处：表面上看，信息越来越公开透明，而实际上我们所看到的，往往都是别人想让我们看到的。

比如商家对消费者的操控，平台对用户的操控，他们会通过大数据等各种手段干扰我们的独立思考，通过影、像、音等媒体手段渲染出各种假象让我们沉迷其中，跟着他们的思路走，为他们的利润和估值（市值）添砖加瓦。

在古代，土地是最贵重的资产，掌握土地的人都是地主或者贵族，没有土地的人只能做农民。

到了近代，机器取代土地变成了最贵重的资产，掌握机器的人是资产阶级，没有机器的人只能是无产阶级，只能给资产阶段打工。

现如今，数据将成为最贵重的资产，这些数据开始向极少数人手中集中，比如各大互联网平台。这些平台的背后又是资本，资本开始操控着整个世界的真相，翻手为云覆手为雨，可以轻易遮住绝大多数人的双眼。

一

人类花了几千年才看透的一个真相

未来我们实现逆袭的途径就是看清事情的真相！

为了方便大家理解，我先举个例子：

人类自古以来就有想在蓝天上飞翔的梦想，在飞机发明之前，无数人都尝试过飞翔，但是都没有成功，这是为什么呢？

因为在当时的很多人看来，人要想飞起来必须得有翅膀，这是因为那些会飞的动物都有翅膀，所以那时的人们认为会飞的本质就是"有翅膀"……

于是很多人就开始仿造翅膀，然后给自己装上，冒着生命危险从高处往下跳，牺牲了很多人，但从来没有成功。

直到有一天，有人通过思考发现了"飞翔"的真相：会飞的根本原因不是有翅膀，而是要利用翅膀去借助气流的压力差！

飞翔的真相不是拥有"翅膀"，而是压力差！

发现这个真相之后，人们成功地发明了飞机。把飞机的机翼做成现在的形状，就可以使通过机翼下方的流速低于上方的流速，从而产生压力差，因此飞机就有了一个升力。这就是飞翔的真相，人类花了数千年时间才看穿，才真正地飞了起来。

世界上真正的牛人，都有一眼看穿真相的能力。

二
真相就是本质、规律

道是什么？就是规律、本质、真相。所谓"得道"的人，就是指看到了规律、本质、真相的人，并且按照规律、本质、真相去做事的人，这种人就是神人。

这世界上有一种神奇的力量，道家称它为"道"，儒家称它为"仁"。

其实看到真相不仅需要能力，还需要莫大的勇气。

因为真相太残忍了，一个修为不够的人如果看到了真相，往往无法接受，甚至会疯掉。

在这里我只告诉大家如何才能抵达真相。

人生最难得的，不是你翻山越岭之后看到了真正的风景。

人生最难得的，是当你一览众山小之后，还能守住那颗初心。

三

如何训练一眼看穿真相的能力？

第一个步骤：你要找到某一领域的规律。

这个世界上，所有东西都是有节律的。

所谓节律，就是节点和规律。

你要善于找到事物的节点和规律。踏准节点，把握规律，是一项很重要的本领。

那些掌握某一个领域节律的人，都是非凡之人：

声音有节律，掌握声音节律的人是音乐家、歌手、钢琴家，等等；色彩有节律，掌握色彩节律的人是艺术家、画家、设计师，等等；文字有节律，掌握文字节律的人是文学家、作家、诗人，等等；运动有节律，掌握运动节律的人是体育健儿、运动冠军，等等；生命有节律，掌握生命节律的人是养生名家、名医，等等；社会有节律，掌握社会节律的人是经济学家、哲学家，等等；人性有节律，掌握人性节律的人是政治家、管理者，等等；商业有节律，掌握商业节律的人是投资家、企业家，等等。

如何找到事物的节律呢？

有一个很有用的办法，就是找到这个领域最经典的100个成功案例，反复探索和钻研，不断总结其中的共性和特性，就能悟出其中的节律。

比如你是创业者，你可以找最经典的100个创业成功的案例，反复对比它们的过程，看看有哪些共性和个性。

比如你是一个写歌曲的人，你可以找出最经典的100首音乐，反复去听，看看它们的音律究竟有没有相通的地方。

你要通过大量的对比，因为只有量变才能引起质变，当你感知到这些案例的共性和个性的时候，规律和本质往往就自己显现了！

"读书破万卷，下笔如有神。""熟读唐诗三百首，不会作诗也会吟。"，其实说的就是这个道理。

但是，必须是经典作品，因为经典的东西都是经过时间检验的，越经典才越接近本质和规律。

第二个步骤：你要找到不同领域的共同规律。

当你不断地发现一个领域的规律，渐渐地你会拥有一种本领：你很容易理解其他领域的规律。

恭喜你，你正在接近世界的本质和真相。

此刻，你应该不断锻炼"化繁为简"的能力，遇到事情的时候，要善于拨去外表的繁乱，直探它的本质。

发现了问题的本质，就发现了事情的主要矛盾。

然后，你会发现身边每天都在发生的很多事，看似千差万别，像碎片般凌乱，但总是有很多相通之处。

的确，很多复杂的事情，本质都是简单且相通的。很多事其实都是一件事，由一滴水而看到整个大海，是学习的最高境界。

境界高的人总能一通百通。"化繁为简"也是很重要的能力，它能让我们更好地归纳和总结，这个习惯会让我们事半功倍。

第三个步骤：你要从万变中找不变。

上面两个层次看到的都是变化，当你能将万事万物的变化规律都了然于心的时候，你看到的就不再是千变万化，你看到的就是不变。

无论商业模式如何千变万化，人性是不变的，商业模式都是围绕不变的人性展开的，万变不离其宗。

别人关注变化，你关注不变；

别人关注数据，你关注结果；

别人关注偶然，你关注必然；

别人关注要素，你关注要点。

无论事物怎样变化，你总能看到其中不变的东西。

当你看到了不变，你就能练就一颗如如不动之心。

第四个步骤：不断提升自己的认知能从屈辱中看到真相。

这是最重要的一点，请大家记住这句话："你必须忍受别人忍受不了的东西，才能看到别人看不到的东西。"

一个"忍"字，就是看到真相的方法，百忍能成金。忍就是修行。

其实，真正的修行既不需要藏在深山老林，也不需要躲在寺院庙宇，修行不是为了与世隔绝、绝尘而去，如果放弃生活而去修行，其实是南辕北辙！

世俗红尘就是最好的修行道场，"红尘炼心"就是最好的修行方式，红尘中的每一个现实问题，都是我们修行的道场：

> 如果你创业的道路艰难险阻，创业就是你的道场；
>
> 如果你与爱人之间有隔阂，夫妻关系就是你的道场；
>
> 如果你和孩子沟通有问题，教育就是你的道场；
>
> 如果你的身体出了问题，生死就是你的道场。

每一种烦恼是道场，每一次愤怒是道场，每一场恐惧也是道场。

这个道场就在你人生的每一个痛苦之处，在你每一次想冲动的时候，在你每一次急不可耐的时候。

比如，很多人可以处理好各种工作关系，就是处理不好夫妻关系，每次一和爱人说话，说不上几句就要争吵。

从现在开始，当你想发火的时候，站在对方角度想问题，理解一下对方的不容易，然后心平气和地沟通。如果你能有10次这样的经历，你就会发现夫妻关系融洽了很多，完全不用情绪激昂地争吵了。

更重要的是，时间一长你会因此而变得宽容，因为你看到了别人的难处，学会了以他人的角度看待问题，学会了自我反省，并获得了长足的进步。这就是修行。

这个办法不仅适用于夫妻之间，也广泛适用于同事之间、父子之间。

我们所经历的每一件事（好事或坏事），遇到的每一个人（好人或坏人），都是来磨炼我们的。我们经历的每一份惊喜，遭受的每一份痛苦，都是让我们提升的。或好或坏，或痛苦或开心，都是我们修行的工具。

面对屈辱，面对不公，面对困难，我们必须学会忍。忍到一定阶段，你将拥有一种看穿事物的能力，能对世事和人心抽丝剥茧，直达事物的本质，一切表象在你面前都是幻影。

决定一个"认知"的两大因素

一个人的认知水平取决于两大要素：第一，知识量的多少，这取决于一个人"获取"有效信息的效率；第二，逻辑推理能力，这取决于一个人"处理"有效信息的效率。

一
知识量的多少

这个时代信息越来越公开、透明，而且呈现爆炸式的状态，我们必须接纳足够多的有效信息，才能找出信息之间的联系，从而挖出规律，找到本质。

一个人接纳信息的方式，也就是学习方式，决定了他每天能接纳多少数量的有效信息。

比如，看视频和读书相比，两者获取有效信息的效率差别非常大。

我们在看视频的时候，易于受到干扰。

首先，如果你觉得这段视频是无效信息，就想快进，但是只要一快进就不知道中间落下了什么，你需要反复尝试着去快进，这影响你接收有效信息的效率。

其次，如果你觉得某一段话特别有价值，你想做个记号或者画个重点，但这很难在视频上进行，你可能需要重新写字或打字才能记下来，这又影响了你的观看效率。

最后，视频里面有很多声音、画面、色彩的渲染，这些都属于辅助信息，带有浓重的个人情感色彩，比如主持人、解说员的情绪等，它会干扰你辨别什么才是真正有效的信息。

当然，这些辅助信息也有价值，它会让你在学习的时候不至于那么枯燥，让有效信息更加形象。但也正是这种辅助渲染喧宾夺主，让太多人在接收信息的时候把情绪当成意见、把偏见当成道理、把故事当成真相。

这就是视频化时代的副作用：越来越多的人被主播一步步地带偏，活在自己的妄念里，看不到真相，然后被他人忽悠，活得糊里糊涂。

而读书接收有效信息的效率就比看视频大多了，这是为什么呢？

首先，每个人接纳信息的速度不一样，有的人可以一目十行，有的人只能一目三行。但是没关系，书不会影响你的效率，人们可以按照自己的速度去阅读。

这就是为什么我们在利用微信进行沟通的时候，非常害怕有的人上来就给你发好几段60秒的语音，因为听起来太累了，稍不留神就得重来，有时还要担心被别人听到。如果在微信里将语音转换成文字，又会出现很多错别字，让我们担心信息误解，结果转换完还得再听一遍，这就大大地影响了我们接收信息的效率。

其次，书里的文字没有流动的画面、没有声音。这可以让我们专心致志地去提取那些有效信息，让我们沉浸在信息中去思考，也容易形成独立思考的能力。

最后，文字是思想最基本的逻辑，人类所有的思想都会以文字的形式储存下来。比如无论多么经典的演讲、电影，我们最后都会以文字的形式记载下来，去剖析它的内核思想。所以，读书是最容易抓住核心精髓的。

比如任正非的总裁办文件，从来都是以文字的形式发出。重要的信息都必须以文字的形式呈现，才能让大家在最短时间内接收到。

世界上最难的事有两个：第一是把自己的思想灌输到别人的大脑中；第二是把别人的钱拿到自己的口袋里。这两件事是相辅相成的，做到第一点才有第二点，这也是商业活动的不二法门。

记住，文字是人类思想展现的最好方式，也是人类抓取有效信息的最好方式。

美国投资家芒格认为，"常识"才是决定一个人成败的关键。他所说的"常识"指的就是有效信息。

这些信息看似很简单，平常人都能掌握，其实恰恰相反，绝大部分人一生都在追逐"诀窍"，或者被娱乐化的短视频误导，看似掌握了很多信息，其实大部分都是无效的。

所以，大部分人只不过是人云亦云之辈，他们被凌乱的信息包围和冲击，早就丧失了独立思考的能力。

二
逻辑推理能力

逻辑推理能力取决于一个人"处理"有效信息的效率。

处理就是"归类"和"梳理"。处理信息就像我们收纳衣服一样，比如互相搭配的衣服要放到同一个盒子里，这个季节不再穿的衣服就整理一下放起来等。

我们每天接收的信息太多，如果不善于归类和整理，这些信息只能堆积在我们大脑里，不仅占用内存，还形成不了智慧。

我们必须学会每天处理这些输入进来的信息，当你把信息梳理到一定程度后，你就会发现信息之间的联系和规律，进而能把整个世界都看清了。

一旦你拥有了这种能力，就可以一眼看穿各种事物的本质，可以在各个领域之间自由穿梭。这种能力的最高境界，是由一滴水看到整个大海，由一棵树而看到整片森林。

如何提升自己的认知

一
下功夫去学习

提升自己认知的最快途径就是用心去学习。当我们的知识累积到一定程度时，自然就能发现世界真实的逻辑。

然而，现在很多人表面上是在学习，但功夫都用在了寻找捷径上。

他们总是企图能找到一把万能钥匙，让自己不用思考，简单明了地就能把所有问题都解决掉，哪怕多花钱也想去寻来这把钥匙。

这不叫学习，这叫偷懒。

这就是很多老板虽然花了很多钱参加了那么多培训，却依然没什么改变的原因。

他们忙着到处去上课，只是表面看上去很努力而已。

提升认知靠的是自己一步一个脚印地走出来，不是用钱可以买来的。你可以花钱去买别人的经验和方法，却无法花钱让自己少走弯路。

二
培养自己独立思考的能力

要想提高认知，只有知识还不够，还必须要有独立思考的能力。独立思考的能力，才是一个人最重要的能力。

如今，一些人正在抛弃独立思考的能力，因为算法可以根据他们的行为算出其喜好，直接把他们最喜欢的事物推送过来。

因此，这些人便不需要再去思考和寻找就能得到自己想要的东西了。看似个人信息的获得变得便捷了，实则是人变得越来越懒惰了，甚至都已经懒得去辨别和选择了。

未来，人们的大部分行为都将被情绪引导，而不是被价值引导，更不是被思想引导，因为人们已经越来越不需要价值和思想，只看我喜不喜欢、想要不想要。

人们正在抛弃深刻的东西，包括文学、哲学、思想等，因为这些东西太沉重，需要思考的问题太多。

现在生活本来已经快，人们不想一直苦大仇深地生活下去了。于是越来越多的人就不断地寻找可以让自己放松的东西，以直播、短视频、游戏等为代表的互联网娱乐产业将会越来越发达。因为这些东西可以带给人快乐，哪怕只是短暂的快乐。再加上这些内容在不停地更新，于是大家都沉溺其中而乐此不疲了。

三
建立认知坐标

比勤奋和努力更重要的是深度思考，比深度思考更重要的是建立认知坐标。

什么是认知坐标？每看到一条信息，你是否有以下四个思考维度：

（1）这件事情本身是"表象"还是"真相"——看过去。

（2）这件事情的出现是"偶然"还是"必然"——看现在。

（3）它是否隐藏了某个真实的逻辑——看本质。

（4）它的出现预示了什么样的倾向——看未来。

所谓认知坐标就是由这四个象限（维度）组成的坐标体系。

在这个信息快速传播的社会里，如果不能建立自己认知世界的坐标体系，自己的生活就会越来越没有目标。

如今这个社会，信息传播速度极其迅速，每个人都像一个信号塔，能随时随地地接收和传播各种信息，这让我们深陷信息的洪流中。

如今很多信息是可以被制造出来的，既然信息可以被制造，就一定会有人利用信息达到自己的各种目的，比如商业上营销的本质就是运用信息不对称的状况等来圈定客户。

美国知名学者迈克尔·所罗门在《消费者行为学》一书中这样说："我们身边时刻都有成千上万的公司，花费数以亿计美元，在广告、包装、促销、环境，甚至电视、电影里做手脚，从而影响你、你的朋友和家人的消费，从中获取利润。"

既然信息能被自由制造，那些掌握话语权的人（如企业家），必定会利用话语权的优势，在你周围制造出一个"信息包围圈"，让你身陷他们给你创造的世界里，按照他们给你设定的逻辑去思考问题，如各种节日大促、各种广告语等。

除此之外，各种自媒体故意用危言耸听的内容吸引你的关注；直播网站上的主播变着花样刺激你的味蕾。这都是一种变相的挑逗，让你沉浸其中不可自拔。与此同时，这会让你对那些真正有价值的东西视而不见，因为它们太不起眼、太朴实了。

比如，你正走在大街上，这边有个哲学家在做演讲，那边有两个人在打架，你愿意去看哪个？

毫无疑问，绝大多数人都会被打架的人所吸引，尽管他们扯衣撒泼、粗俗不堪，照样会被人围观。而哲学家的演讲无论多么昂扬、多么有水平，一般都鲜有人问津。

这是人性使然。

信息不对称的时代，往往是先知先觉者抢占先机；而在信息高度对称的时代，往往是趋利者在做幕后操控。

人为什么越来越浮躁、越来越焦虑，就是因为我们每天接收了太多杂乱无章的信息，开始被自己的各种杂念和欲望控制，人人都觉得自己只差一个机会，人人都相信自己可以一夜暴富……

所谓"嗜欲深者天机浅"。人的杂念和欲望越深重，越看不到真实的世界。

在这个朗朗乾坤、昭昭日月的时代，我们都成了睁着眼睛的"盲人"。

将来，我们一定要形成独立思考的能力，建立自己的认知坐标，让自己时刻保持清醒和独立。

梅花创投创始合伙人吴世春在《心力：创业如何在事与难中精进》一书中说：要想提升自己的认知力，除了知识、经验和技能的积累，还要从思维上有所转变。

没有思维模型，深度思考是无效的

有这么一句话，曾经引起广泛的共鸣：没有深度思考，所有的努力都是无效的。

用同样的逻辑，可以得出这么一句话：没有思维模型，所有的深度思考都是无效的！

一
思维模型到底是什么？

要想解决"如何用"的问题，需要了解思维模型到底是什么。

关于思维模型，查理·芒格说："思维模型会给你提供一种视角或思维框架，从而决定你观察事物和看待世界的视角。顶级的思维模型能提高你成功的可能性，并帮你避免失败。"

从这段话中，我们可以看出，思维模型的本质是视角、是思维框架，而它的作用则是帮助我们避免失败、提高成功的概率。

查理·芒格给"模型"下了一个定义：任何能帮助你更好地理解现实世界的人造框架，都是模型。

这句话听起来十分抽象，那么模型到底是什么呢？

我举例来说明：

一家航空公司每年要接待几百万名乘客，创造数千亿美元的价值。但在2012年，飞机票价平均为178美元，每次飞行航空公司只能从每位乘客身上赚到37美分。

而谷歌公司创造的价值相对较少，但却从中赢利很多。

谷歌公司2012年只创造了500亿美元的价值（航空公司创造了1600亿美元），却从中获利21%。这个利润率是美国航空公司的100多倍。

谷歌公司的巨额利润使它的市值是所有美国航空公司市值之和的3倍多。

为什么会这样呢？

这个看似非常复杂的现象，经济学家只用两个简单的模型就给出了解释：一个是完全竞争，一个是垄断。

完全竞争说的是在这个市场中的每个公司并不存在差异，卖的都是同质产品。因为这些公司都没有市场支配力，其产品价格必须由市场来定。

相反，垄断说的是垄断公司拥有自己的市场，所以可以自行定价。因为没有了竞争，所以垄断公司可以自由决定供给量和价格，以实现利益的最大化。

美国航空公司所处的市场是完全竞争的市场，而谷歌公司所处的市场是垄断市场，正因为此，二者利润率就相差甚远。

这就是运用"模型"，也就是查理·芒格所说的"人造框架"，将看起来纷繁复杂的事物简单化、抽象化的方法。

根据模型的定义，我们再来看看到底什么是思维模型。

根据之前的阐述，我给它下了一个定义：思维模型是对信息的压缩，是帮助人们理解事物、解决问题的人造框架。

说白了，思维模型就是一种人造思维框架，当你头脑中存在了很多这样的框架，遇到不同问题时你就知道究竟该用哪个框架或哪几个框架去进行理解、分析和解决它们。

这就像是在你的头脑中存放了很多的工具箱，遇到问题A，你拿出与之相应的工具箱A1；遇到问题B，你拿出与之相应的工具箱B1……于是，你就能驾轻就熟地解决很多工作和生活中的问题了。

比如：刚工作时，我曾接到这样一项任务—— 给一个产品做定位。

我之前从未做过市场营销工作，所以头脑中缺乏相关的思维模型，于是就按自己的理解做了很多工作，但最终也没能提交一个特别清晰明确的产品定位方案。

后来，我在学习了相关知识及方法之后，发现假如我的头脑中事先存放了一个名叫STP的思维模型，也就是细分市场（Segmentation）、目标客户（Targeting）和定位（Positioning）的思维模型，那么当时的我就能按照这个思维模型所描述的路径对产品定位做出思考，并给出相对满意的答案了。

实际上，这个STP思维模型就是一个可以存放在头脑中以供随时取出来使用的工具箱。当你有了这种存储后，就可以随时拿出来用，但假如你缺乏这种存储，就会在接到任务时手忙脚乱、事倍功半。

这就是思维模型的力量。

二
知道很多思维模型，但却不会用

最近这些年，我们对知识的获取变得前所未有的容易，很多人都知道有思维模型这回事，同时也学习了一些思维模型的知识。但与此同时，大家却也发现，这些东西似乎并不能在真实生活中发挥出比较大的作用。

为什么？原因有以下两个方面：

原因一，停留在"我知道了"的浅表层面上。

观察一下周围，你会发现很多人的学习状态都停留在"浅表层"，也就是停留在"我知道了"这个层面上。于是，虽然每天看很多东西，最后却是"酒肉穿肠过，佛祖心中不留"，看是都看过了，但什么也没有记住。

假如你想让学到的知识、方法、思维在生活和工作中真正发挥作用，最重要的一点就是你得真的去用，要让理论与实践联结起来，要让它们去帮助你解决实际问题。

讲一个实际运用的例子：

有些人在下馆子吃饭、买衣服和鞋子上花钱毫不手软，但在学习和自我成长的投资上很少，比如极少买书，就算买也会思虑再三。有些人则完全相反，他们将自己的大部分收入都投在了学习和自我成长上，在买衣服和鞋子方面却很吝啬。还有一些人，对朋友非常大方，请朋友吃饭、唱歌，给朋友买礼物，但在给自己买东西时就会思前想后。

这是为什么呢？

能够解释这些不同消费现象的关键就是"心理账户"这个思维模型。

心理账户的意思是，我们会把钱分门别类地放在不同的心理账户中。因为钱这个东西，在我们心里并不是统一存放的。

比如，生活必要的开支账户、购买衣鞋包包账户、孩子教育账户、享乐休闲账户等。

这些账户看似都处于你的大账户下，但其实各子账户是独立存在的。

不少人都知道这个"心理账户"的思维模型，但有运用在自己身上吗？

我是这样用的，我给自己建立了一个名叫"自我成长与学习"的心理账户，每年年初会做一个大致的预算，差不多30%的预算会放到这个心理账户中。同时，我会在我的"衣服鞋子包包"心理账户中放比较少的份额。每两个月我会评估一次，看自己在花钱方面是否在按这个比例进行，还是说我的行为与我的预算编制相差太大。

一开始，我也会忍不住买衣服，但因为我会持续核对预算与实际开支，慢慢地，这种情况就消失了。这样，我就保证了我的金钱消费与我的人生愿景和目标是一致的。而这也是我能写出"你的时间和金钱流向哪儿，你的人生就走向哪儿"这句话的真实原因，这是我人生切实的体会。

同时，借用这个思维模型，我还能通过一个人的金钱和时间的分配比例来观察他的价值观是什么、他的人生愿景是什么。如果一个人虽然嘴上说我很爱学习、很想成长，想要实现一个什么理想，但实际上却将与此相关的心理账户压缩到很小，那我就知道他只不过是说说而已，他想要的必定很难实现。

所以，一个并不复杂的"心理账户"思维模型，假如你不仅了解它，还能真正运用它，那你不但能够活出你想要的人生，还能对你周围的人进行深刻的洞察与判断。如果你是一名创业者，或是品牌运营、销售人员，还能运用这个思维模型进行更好的推广和销售。

原因二，没能看透本质。

很多时候，运用思维模型最重要的障碍是你没能理解它的本质，从而无法"挪动"它，如果非要"硬挪"，最后也是"得了形，失了神"。

所以，看透不同思维模型的本质，对于运用它们来说显得至关重要。可以说，看透本质是"有效挪动"思维模型的重要前提。

那么我们又该如何看透思维模型的本质，从而对它们进行"有效挪动"呢？

被誉为"竞争战略之父"的迈克尔·波特在其著作《竞争战略》一书中为商界人士提供了三种卓有成效的竞争战略：总成本领先战略、差异化战略和专一化战略。这些战略目标是使企业的经营在产业竞争中高人一筹的关键所在。

在《竞争战略》这本书面世之前，大多数企业家都认为企业可以同时追逐好几个基本目标。因为目标越多就意味着越可能成功。然而，波特教授告诉大家，这种想法实现的可能性是很小的。因为贯彻任何一种战略，通常都需要全力以赴，并且需要有相应的组织安排。如果企业的基本目标不止一个，资源就会被分散，从而影响最终的结果。

看完这本书后，我开始思考一个问题：人和企业一样，也处于激烈的竞争中，需要在竞争中脱颖而出，那么，是否能将《竞争战略》一书中的思维理念用到自己身上来呢？

首先，我深入研究了这三种竞争战略的具体内容与使用方法。

总成本领先战略是指企业强调以低于单位成本为用户提供低价格的产品，这是一种先发制人的战略，它要求企业有持续的资本投入和融资能力，生产技能在该行业处于领先地位。

专一化战略是指主攻某一特殊的客户群、某一产品线的细分市场或某一地区的市场的战略。

差异化战略则是指企业力求在用户广泛重视的某些方面做到在行业内独树一帜，它选择许多用户重视的一种或多种特质，并赋予其独特的地位，以满足用户的要求。

根据这些定义，我首先排除了总成本领先战略，然后，就是在专一化战略和差异化战略之间做选择了。

其中，专一化战略具有两种形式：

一个是企业在目标细分市场中寻求成本优势的成本集中，相当于总成本领先战略与专一化战略的交集；

另一个是企业在目标细分市场中寻求差异化的差异集中，相当于专一化战略与差异化战略的交集，即先找到一个目标细分市场，然后再在这个市场上寻求差异化。

专一化战略是以总成本领先战略和差异化战略为基础的竞争战略，在特殊市场中形成成本优势或差异化优势。然后我意识到，以差异化战略为基础的专一化战略就是最适合我的战略。

于是，在硕士毕业找工作期间，我就将这个战略用在了自己的面试策略中。那时，我非常希望在毕业时能够进入世界500强的外企工作，尤其希望获得管理培训生职位（Management Trainee）。于是，我就将它确定为面试找工作时的目标细分市场，也就是专一化战略的具体方向所在。

然后，我研究了管理培训生岗位的招聘要求，发现这些企业的招聘要求比较一致，不会因为行业不同而有很大的区别。对于管理培训生这个职位，它们都希望能招到综合能力强且潜力很大的人。

接下来，针对管理培训生岗位的具体招聘要求，我做了很多准备，从英语表达能力到数据分析能力，从团队合作技巧到演讲能力。其中最重要的一点是，我认真思考了自己在这个细分市场上的"差异"——与其他名校毕业生相比，我到底都有哪些竞争优势？

经过反复思考，我将自己的优势总结成三点。然后，在面试做自我介绍时，我将早已总结好的三大优势娓娓道来，与岗位需求一一匹配，还会在介绍完每个优势后讲一个真实的故事，以说明自己与这个岗位的契合度。

　　就这样，我从上海诸多应届毕业生中脱颖而出，如愿进入世界500强外企，成为一名管理培训生。

　　从表面上看，迈克尔·波特的竞争战略与我的面试策略是完全不同的两回事，但如果去思考这两件事的本质，就会发现它们是一样的。

　　竞争战略的本质说的是，在面临激烈的竞争且资源有限时，要想脱颖而出就得采取一定的竞争战略，而不能在不同战略间徘徊。

　　之后，我将竞争战略的本质与我面试所遇到的情况和想要实现的目标相比较后发现，二者具有"表面不同、本质相似"的特点。

　　于是，我就将竞争战略这一思维模型的解决方法迁移了过来，首先选择非常清晰的细分市场，然后在这个市场上寻求差异化，以形成差异化的竞争优势。

　　这就是我对思维模型的迁移运用，这正是一次非常有效的"挪动"。

　　很多思维模型都是关于商业、经济学、心理学或工程学的，平时看起来，它们与我们相隔甚远，但如果你能看透它们的本质，从而做出"应用级"层面的"挪动"使用，很多生活和工作中的问题就能立刻迎刃而解，最终做到查理·芒格说的："只要80到90个思维模型，就能解决生活中90%的问题。"

最后的话：

现在我们大多数人每天都浸泡在海量的信息与知识中，却遗忘了更为重要的东西——"思考"与"实践"。

我们习惯了"学习更多"，却不懂得"思考更深"；我们习惯了"学习知识和方法"，却不懂得"思考背后的东西"，我们一直在做"量的积累"，但却没能进入"质的改变"。

我想，这就是很多人一直努力却进步不大的重要原因之一吧。

高维人士的表现

如何辨别一个人是不是高维人士？

当你遇到一个人，他能理解你的处境，尊重你的观点和立场，和你打成一片，让你觉得很舒服，但当你想进一步和他深入交往时，发现他总是难以捉摸，始终保持和你的距离，让你觉得若即若离、时隐时现，似乎总和你隔着一层纱，说明他正在和你"降维沟通"。

一
高维人士让人特别舒服

高维人士，不会曲高和寡，也不会恃才傲物，他们总是"大象无形"，能随时做到"上下兼容"和"左右调和"。

"上下兼容"指的是能把自己的维度调整到跟对方平等，然后再展开对话，随时与不同层次的人同频。

"左右调和"指的是能很快找到对方思考问题的角度，不带任何偏见，他们随时升降，可左可右，没有分别心，没有执念，这就是"大象无形"。

因此，维度越高的人，越让人舒服，他们如春夜的小雨，润物细无声，相处起来让人感到如沐春风般的舒服。

让人舒服，是一个人顶级的人格魅力，也是顶级的人生智慧。

二
高维的人从来不随便给人贴标签

很多人在谈恋爱和交朋友的时候，喜欢问对方的星座，这其实是一种认知非常低的看人方式，为什么呢？

因为高维人士可以在短时间之内，通过一个人的言谈举止判定一个人的性格和品行，根本不需要再问他是什么星座。认知相对较低的人，无法在短时间内观察一个人的性格和品行，只能通过询问星座的方式去了解一个人，这就很容易先入为主，给一个人贴上了标签，生硬地把很多人划归为一类，眉毛胡子一把抓。

三
高维人士不会把自己的标准强加于别人

人做事有三种境界：

第一种，自己没做到，却要求别人能做到。

第二种，自己做到了，要求别人也能做到。

第三种，自己做到就行，不需要别人也能做到。

高维人士最典型的表现之一就是对自己的要求极高，但是对别人的要求很低。

我们往往有一种执念，就是当看到别人在走弯路的时候，总是试图纠正别人的行为，企图让他们少走弯路，能够笔直到达目标。

我们苦口婆心地给他们讲了很多道理，甚至恨不得插足他们的生活，直接带他们绕过所有的弯路。这的确是一种好心，但是好心未必就能办好事。

因为这样做不仅帮不了别人，还往往会打乱别人的节奏，乱了别人的阵脚。

维度低的人总是试图去改变别人，而高维人士知道自己所能改变的只有自己。

四
高维人士有极强的意志力

高维人士更容易寻找到自己人生的意义，树立明确的生活目标，而这些遥远、坚定又有价值的东西，会抵消我们当下的很多痛苦。

俗话说，人无远虑，必有近忧。当一个人认知水平低下的时候，是看不到长远价值的，也没办法规划长期的路线、树立长期的目标，就只能专注于当下的效果，每一分付出都要求有回报，甚至是斤斤计较、睚眦必报。这只能成为一个短期主义者，需要即时得到满足。

这样长期下去，人就会变得对任何人和事都失去耐心，焦虑的心态就会因此滋生，自己越来越不能控制自己，只能用当下的娱乐麻醉自己，每天都在焦躁中度过。

以上就是高维人士的一些表现，看看你有几个？

人的一生都在为自己的认知买单

　　未来要么交越来越贵的"认知税"，要么就是打越来越残酷的"认知战"。认知水平高的人利用掌握的资源和工具，不断迭代自己的认知，不断攀登和占领认知高地。

第二章
Chapter 2

第三章
Chapter 3

第四章
Chapter 4

第五章
Chapter 5

第二章

Chapter 2

价值规律

——价值的迭代不是产品，
而是人的认知

答案永远都比问题高一个维度

当我们提出一个问题的时候，要想找到这个问题的答案，必须将自己的认知提升一个维度。

我们经常提到一个词——"降维打击"，什么是降维打击？就是将自己升一个维度再去跟对手抗衡，那就是战无不胜的。这个逻辑广泛地应用于各个领域。

比如，比"产品"高一个维度的是"品牌"，比"品牌"高一个维度的是"文化"，比"文化"高一个维度的是"文明"。因此，做"产品"要有"品牌"思维，做"品牌"要有"文化"思维，做"文化"要有"文明"思维。

我们可以从高维看低维，那叫"降维打击"，但从低维看高维，那就叫"当局者迷"了，"不识庐山真面目，只缘身在此山中"。

价值是一种成全

如果能从价值的角度看待问题，那么很多事情就会变得很简单，正所谓"大道至简"。

一个经济高度发达的社会，具有以下特征：大多数东西，都有明确的归属；大多数东西，都有明确的价格；大多数东西，都可以进行兑换，可以随时随地交易。

一般人会认为随着社会的不断发展，人与人之间的关系也越来越复杂。如果从价值角度来看则恰恰相反，社会越发展，人与人之间越简单纯粹。

为什么现在的人越来越现实？为什么现在的人那么容易分开？因为世俗道德对人的束缚越来越小，很多人都直奔价值去了，一切都在返璞归真。

价值是一种成全。价值所在的地方，到处都是情义；价值消失的地方，一切都烟消云散。

有人说，价值不就是利益吗？这样理解就狭隘了，"价值"

比"利益"要高一个维度。俗话说：以利相交，利尽则散；以情相交，情断则伤。

这说明感情和利益都是低维的东西，人与人之间长久的关系不是靠"感情"维系，也不是靠"利益"维系，而是靠"价值"维系。价值的本质是一种成全，所以要是真正对一个人好那就想办法成全他！

我经常说，如今世界最大的一个变化就是正在从以"商品"为中心演变成以"人"为中心。

在以"商品"为中心的时代，我们关注的是各种商品的"价格"，商业核心逻辑是价格规律，而在以"人"为中心的时代，我们研究的应该是人的"价值"，商业核心逻辑是"价值规律"。

"价值规律"会对世界经济、人文、生活等多方面产生影响。现在经常听人们抱怨说社会人情味越来越淡，人都太现实，其实是因为一切都被价值化、量化、标准化了。价值一旦被量化，很多问题就简单化了，互相推诿的事就会越来越少，整合运作效率越来越高。这样人与人之间的信任度会大大增加，人与人的内耗会大大降低。

无论是经济还是生活，其实都是一种价值交换，这个交换也必须符合价值定律。

"价值交换"是指交换双方能给彼此提供价值，或者能互相提升对方的价值，达到双赢。

经济学的价值规律

当今世界经济形势复杂多变，各种暗流涌动，偶然成为一种常态，混乱中有各种必然，人们因看不透而焦躁不安。

那些顶级的经济学家们一直尝试去探索其中的规律，然而，各种高大上的理论都用上了，始终无法找到准确的答案。

其实，试图用经济学里的概念去解释所有的经济现象，有时一定是得不到答案的。

因为"经济"本身就不是具体客观存在的东西，它只不过是我们为了更好地理解社会的运转而发明的一种学科。你用一种并不具体客观存在的东西去描述有形的社会，一定会越描越模糊。

经济学根本没有那么晦涩难懂。经济学里的很多复杂问题，都能在数学、物理中找到非常明确的答案。关于世界经济走向这个在经济学家眼里重大而又复杂的问题，只须用一个字的物理概念就可以描述得淋漓尽致。

世界上很多事物的本质其实都是相通的，所谓一通百通，透过一滴水就能看到整个大海。

接下来我将通过剖析这一个简单的字，向大家说明经济现象，揭示未来经济的走向。

物理学中有一个概念叫作"熵"。

什么是"熵"呢？

我们知道，物体都是由粒子组成的，粒子又是不断运动的，但是这种运动往往是"无序运动"。"熵"就是衡量一个物体里的粒子做运动"无序化程度"的概念。

所以，熵越大，意味着物体内部越混乱；熵越小，意味着物体内部越有序。而运动的粒子就具备了能量，当不同方向运动的粒子碰撞在一起，很多粒子身上携带的能量就彼此消耗了。

那么，当熵处于最小值时，整个系统也处于最有序的状态。这也就意味着每个粒子产生的能量都会统一地收纳和释放，所以，系统的能量集中程度最高，有效能量最大。

相反，当熵为最大值时，整个系统处于有效能量完全耗散的状态，也就是混乱度最大的状态，此时粒子携带的能量被彼此的碰撞消耗。

所以，一个系统的能量，可以用它内部粒子运动的"有序化"去衡量。即熵越小，系统能量越大，系统也越稳定。

比如，互联网之所以有如此强大的革新力量，就是因为计算机是高度有序的系统。

我们可以把社会看成一个物体，每一个人就相当于物体里的一个粒子。

我们使用的金钱，只是对贮存着的能量的债权而已，花钱相当于我们释放出能量。

一个井然有序的社会，相当于每一分能量都能被合理利用和转化，从而产生能量聚合的效应。

明白了这个道理，我们再从源头探讨：自从资本主义全球化以来，世界的主流经济运转模式遵循的是自由市场经济模式，什么是自由市场经济呢？

这就要从200多年前的一本书说起。这本书就是被尊为西方经济学"圣经"的《国富论》，作者亚当·斯密是英国古典经济学家，被誉为"现代经济学之父"，也是一位哲学家、历史家和社会学家。

《国富论》的中心思想是人们的各种行为都是由"利己心"出发的，因为每个人都知道自己的利益所在，都会努力使自己的利益最大化。这种"利己心"会指导大家朝着最容易赚钱的方向努力。

按照这种逻辑，只要社会上的人都自由行动起来，看似杂乱无章的自由市场，实际上就是拥有自行调整机制的。比如，越是社会所需要的地方，利润就越大。它将自动倾向于生产社会最迫切需要的产品。这种投资可以促进社会的繁荣。但当一个地方投入过多时，其行业利润便会减少，于是大家会自然而然地减少在这个方向的投资。因此，纵使没有任何法律政令的干涉，这种"利己心"也有一种内在的平衡作用。这就是一只"看不见的手"，它控制着市场和价格规律，并将个人利益和公共利益两者统一起来。

也就是说，利己主义会跟社会公共价值统一起来。因此，作者主张尽量减少政府干预，人人都要自由行动起来，把"自由竞争"奉为上上策。这就是自由市场经济。

1776年，"看不见的手"的理论正式问世。这时是英国工业革命的开端，也是自由市场经济的代表——美国的诞生之年。

这个理论正好迎合了世界的大趋势。因为世界在此之前还处于封建体制之下，一片死气沉沉，而自由市场经济一诞生，就相当于激发了物体内部的每一个粒子，让它们运动了起来，从而形成了一个运转的系统，具备了更强的能量。

世界最近二百年以来的发展逻辑，都没有逃脱这本书的理论。欧洲和美国是自由市场经济的践行者，尤其是美国作为自由市场经济的代表，其近代以来的经济繁荣说明了这种理论的可行性。

如果把人类社会看成一个物理世界，"自由市场经济"的诞生就像当年牛顿发现"万有引力"定律一样经典。万有引力发现了万物的相互作用和关系，"看不见的手"则形成了如今世界的经济模式。

如果发现真理是一场比赛，历史就是最好的裁判员。

老子说："道可道，非常道。"这个社会没有永恒不变的道理。

1687年，牛顿出版《自然哲学的数学原理》，标志着经典力学的确立；1905年，爱因斯坦的狭义相对论将牛顿的经典力学推翻重建；2015年，量子力学理论的确立，又让世人重新审视相对论。

《国富论》出版100年以后，历史已经开始显露了它的有待完善之处。

就像上面我们所说的那样：每个人都在为自己的利益最大化而运作，就像物体里随机运动的粒子一样，这是一种没有"公共秩序"的系统状态。

如果按照《国富论》的论述，整个社会将会持续、有序地发展下去，但是几十年后，资本主义国家就爆发了世界上第一次"经济危机"。

从此以后，世界从未摆脱过经济危机的冲击。每次经济危机都严重地破坏了社会生产力，使社会倒退几年甚至几十年。

现在，我们可以发现越来越多的国家经济出现了严重的问题，比如债务问题、货币超发、实体衰退等，美国如此，欧洲如此，日本也是如此。

东南亚金融危机，日本房地产崩盘，阿根廷、土耳其等国家货币的崩溃，欧洲各种"黑天鹅"的频出，以及中东等地的区域动荡……各种迹象已经在反复证明一件事：杂乱无章的自由市场并不是完美的。

如果按照每个人利益最大化的原则，虽然每个人都会有一股冲劲，但是每个人产生的效能会互相抵消。这就是我们上面所说的虽然粒子在运动，但是物体的熵太大了。

也就是说，整个社会越是支离破碎，混乱程度也就越大。我们当代世界产生危机的原因就在这里。

以我的家乡为例。记得我去年回家过年，老家街道上的一个路口总是堵车，一堵就是两三个小时。路面上的车也不多，但就是无法疏通。

于是，我下车在路口观察，半个小时后就明白了堵塞的根本原因：每一个开车的人都见缝插针，看见一个缝隙就抢着填上，根本不会顾及其他车辆，于是大家都在那里塞着，宁可坐在位子上抽烟，也不愿意彼此谦让空出一条道来。

后来有人着急回家，实在等不及了就挺身而出去指挥这些车辆，该退的退，该让的让，这才慢慢恢复了交通秩序。

补充一下：那个路口没有红绿灯，如果有了红绿灯，秩序还会像那样混乱吗？每个人都是自私的，只会想到自己，于是很快就会乱作一团。所以，"自由"一定要建立在"自律"的基础上。

我们总是崇尚自由，却无法做到自律。在这种情况下，必须有规则来维系社会的运转。自由市场经济的发展也是同样的道理。

用一个贴切的比喻来说就是，为了缓解交通拥堵，有人主张在马路上多设置一些红绿灯，有人主张减少一些红绿灯。我也想请问各位：你觉得哪种办法才能真正解决交通拥堵问题？

我认为，马路上必须有红绿灯，关键是数量和分布点要科学。

人性都有自私的一面，人的行为有时是损人而不利己的。

如果一个社会里，所有人都追求金钱最大化，人们一定会被逼迫变"坏"。因为"道高一尺，魔高一丈"，到最后就会变成一个人人自危、互相提防的社会。这时，无论科技怎么进步，都会内耗严重，经济萧条，因为人们的聪明才智都被互相抵消了。

世界经济刚刚开始发展的时候，我们应该鼓励"自由"。如今，世界自由度已经充分释放，此时我们应该加强对"人"的管理，提升社会的秩序性。

因为现在人的自由度太高了，导致各种投机性的利己主义盛行。

因此，世界经济的下一个方向一定是提高自己的秩序性。对于个人来说，只要记住一句话：自律的人，才有资格谈自由。

社交的价值规律

人与人之间是有区别的，因此在社会中所体现的价值也是不同的，但最后的结果依然是价值对等的人建立了社交关系，这就是社交的基本法则。

但是，人往往想竭力攀附自认为比自己价值大的人，这就形成了人与人之间的索取和依附关系。

当价值小的一方试图接近那些价值比自己大太多的人时，价值小的一方就变成了单纯的"索取方"，有可能在别人眼里就成了会"谄媚""逢迎巴结"的人，最终成为笑柄。

但是，很多人还没有意识到自己一直在扮演着"攀附"的角色，每一次努力社交，都在试图进行"不平等交换"。

我们经常说的"无用社交"就是这个意思。能和一个人搭上话与能和一个人合作，完全是两个概念，不是同一个价值量级的人很难有深层交集，当然，这里的价值不只包括财富，也包括精神、智慧等。

大部分人都只盯着别人那里有什么，只想着自己需要什么，却不关注别人的需求是什么。

其实，你的认知水平决定了你所处的层次。你永远只能和同一个层次的人在一个圈子里。

那么，如何突破自己的圈层呢？

其实，任何人只要肯踏实努力，都能成为某一领域的专家，然后就可以用他在这个领域所达到的深度和高度去结交其他人。比如，我有个年龄不大的朋友，也不是富二代，但是高尔夫球打得很好，因此认识了很多上市公司的董事长。

成为某个领域的专家是进入高端圈子性价比最高的一种方式。确定一个领域或方向，然后把有限的时间和精力都用在上面，把事情做到极致，就会顺其自然地把该吸引的资源都吸引过来。

商业变革的价值规律

当淘宝革完了实体店铺的命，拼多多又要革淘宝的命；当微信革完了很多报纸的命，今日头条又要革微信的命；当滴滴革了出租车的命，美团、高德又要革滴滴的命。

每一种革命的逻辑没有变，或者是我比你的价格更低，或者是我比你更快捷，或者是我比你更精准。当你用一种手段"灭掉"别人的时候，总有一天会有另一个人出现，他会以同样的逻辑"灭掉"你。

其实，社会就是一个食物链，我们不能孤立地看待某一个现象，要串联起来进行分析。

几年前，我们经常听到实体工厂的老板抱怨，说自己如何被互联网冲击、如何被金融吞噬的情况……

如果思考一下二十年前工业是如何收割农业的，就明白现在制造业为什么会被互联网收割、互联网为什么被金融资本收割的现状了。

这些都只是历史规律的一个环节。

中国有句古话叫一物降一物。社会就是一个侵吞的链条，一环扣一环。

"螳螂捕蝉，黄雀在后。"每一个环节都会收割上一个环节，再反哺下一个环节，财富就这样循环流动、生生不息。

我们来具体看一下这种循环。

第一轮收割：工业对农业

我们都知道工农剪刀差，其实就是工业产品和农产品的定价机制不同。农产品主要是指主粮，民以食为天，所以定价权在国家手里，即便有一些波动，但是因为分散化经营，农民的议价能力也极弱，反而农业所用的化肥、农药，属于工业产品，却是市场定价，这就造成了工业对农业的收割。当然，之所以这么做，也是为了促进工业的发展。

第二轮收割：互联网对工业

当互联网完成信息对接的任务后，经济运作逻辑就全变了。工业思维是线性的、连续性的、可预测的。互联网思维是断点的、突变的、不可预测的。工业经济关注的是有形产品的生产和流通，有形的空间对它来说既是优势，也是阻碍。而互联网经济可以把人、货物、现金、信息等一切有形和无形的东西"连接"起来，完全突破了物理空间的限制。

工业抢空间，互联网抢时间，这是完全不同层次的思维，比如滴滴不仅是对出租车行业的革命，也是对自行车生产厂家的革命，"高维"当然能收割"低维"。

第三轮收割：资本对互联网

资本是嗜血如魔的，专门寻找价值洼地和最大化增值空间，当资本嗅到其中的增值空间之后，就会插足进来。既然互联网抢的是时间，它就会推着你往前跑，好比滴滴这种平台一样，被一股无形的力量推着向前奔跑。当资本得到它们预期的利润之后就会撤出，留下一个空虚的躯壳，所以很多公司成也风投，败也风投。当然，资本对所有的新兴产业都是这样，2016年是AR、VR，2017年是人工智能，2018年就是区块链，一个也逃不了……

知人者智，自知者明，胜人者有力，自胜者强。从现在开始，每个人都需要一场自我革命。懂得变化不如善于进化。跟随这个日新月异的世界一起进化，你就能永远立于不败之地。

进化就是时刻要有一种归零的心态，随时抛弃你已有的成功，匍匐前行。如果你把困难当成一种刁难，你一定会输掉；如果你把困难当成一种雕刻，你就会变得越来越强大。

人千万不要把已经拥有的或者之前的成功看得太重。否则，那些将会是你下一次成功的绊脚石。

如果你把它们看得很轻，甚至踩在脚下，它们将成为你的垫脚石。

商业最需要迭代的不是产品，而是人的思维。

第三章

Chapter 3

定律

——认知定律所总结的表象
可达事物本质

熵增定律

> 人活着就是在对抗熵增定律。
>
> ——薛定谔《生命是什么》

一

什么是熵增定律

"熵增定律"是人类不可多得的价值总结。

熵代表了一个系统混乱程度的数值，系统越无序，熵就越大；系统越有序，熵就越小。

任何一个系统，只要是封闭的，且无外力做功，它就会不断趋于混乱和无序，最终走向死亡。生意是如此，公司是如此，人生也是如此，这就是熵增定律。

比如，手机和电脑总是会越来越卡，电池电量会越来越弱，屋子总是会越来越乱，人总是会变得越来越散漫，机构效率总是越来越低下，等等。

所以，电脑和手机需要定期清理垃圾，人要保持清醒和自律，企业要不断地调整结构，这些都是为了对抗熵增定律。

中国有句话叫"家和万事兴"，就是因为一个家庭和睦的时候，就是熵最小的时候，因为"和"就意味着成员之间的默契，甚至是无摩擦的。"以和为贵"说的也是这个道理，"和"就意味着熵值最小。

为什么几千年来我们都是以儒家思想为主？因为儒家思想可以把社会的熵值减少到最小。儒家制定了很多规矩，其实就是为了社会可以"有序"地运转。

为什么我非常看好未来的社会，因为在大数据时代，每个人的行为都将被记录，社会运转的每一个环节都将被提前布局，一切都是规划好的，因此整个社会的熵也将大大被减小。

人的价值就是为了使各种系统不断地从"无序"变成"有序"，"有序性"就是世界上一切生命力和效能的本源。

二

对抗熵增定律的方法

那么如何才能对抗熵增定律？

1.保持开放

无论是对一个人还是一个企业来说，在没有外力干涉的情况下，其本能都是越来越走向封闭。

对于个人来说，如果没有外力督促，就会活在自己固有的思维里，或者活在自己的偏见里。

叔本华说，世界上最大的监狱，是人的思维意识。如果仔细检查我们以往犯过的那些错误就会发现，绝大多数过失都是由我们自己的"思维局限"带来的，所以，人的思维和认知必须保持开放，要随时接纳各种新鲜信息，这就是我们思维的兼容性。

对于企业来说，如果没有外界的催促（环境、政策、市场等的改变），就会在固定的模式里循环，逐渐走向衰败。

所以，任正非说："我们一定要避免封闭系统，我们一定要建立一个开放的体系……不开放就是死亡。"

华为每年淘汰干部10%，淘汰员工5%。很多公司都是这样，没有新鲜血液就会走向沉寂。

未来一切资源都将变得开放和共享，一切边界和围墙将被打开，行业、职业、专业之间的界限也越来越模糊，开始互相越界、穿插和共享。

那些优秀的企业往往是一个无边界的企业，手握用户资源，击穿了不同领域之间的篱笆，建立融会贯通的创新型组织。

同样的逻辑，人的能力边界也被彻底打开，那些优秀的人往往能够在不同的思维路径上找到交汇点，成为一个游离于各种状态之上的人。

2.终身学习

学习的本质就是做功，一个系统只有外力在做功，才会拥有源源不断的能量支持。

巴菲特的合伙人芒格说："我一生不断地看到有些人越过越好，他们不是最聪明的，甚至不是最勤奋的，但他们往往是最爱学习的。巴菲特就是一部不断学习的机器。"

这个时代要求我们必须坚持不断学习。计划赶不上变化，变化不如进化，如何保持进化？就是要坚持终身学习。

学习是一种做功，是防止熵增的最好外力。学习可以让我们突破自己的局限，比如很多人说我不善于演讲，我不善于表达，我不善于逻辑，等等，而研究表明，人类可以通过练习、坚持和努力去不断挑战自己的能力边界。

唯有学习才能突破自己，并且我们要让突破的速度大于熵增的速度。

3.坚持自律

人在没有外力干涉的情况下，会不断走向无序状态。如果我们对生活放任不管，或者放纵自己，那我们的生活将会变得越来越混乱，这就是懒散的必然结果。

人为什么要自律？因为自律的本质就是把"无序"变成"有

序"的过程。

当然，自律会很痛苦，但是这只是当下的痛苦，未来却会越来越美好；懒散是当下很爽，以后总有一天是要后悔的。

比如，现在短视频那么流行，我们总能轻而易举地享受那些火爆刺激的视频，这让我们在看的时候感到很"爽"，让我们陷入短平快的刺激中不可自拔，时间一长就丧失了独立思考的能力，丧失了上进心，让我们变得越来越懒散。

互联网是一把双刃剑，一方面给我们提供了各种便利，另一方面又给我们提供了很多浮华的内容，这些内容的设计逻辑都是以无限满足人性偏好为标准的。

从来没有任何一种东西能像互联网这样对人性洞察得如此透彻，并且将人类玩转于股掌之间，我们的文化成为充满感官刺激、欲望和无规则游戏的庸俗文化。

越是在这样的时代，越能凸显自律的重要性。

4.远离舒适

人生的"熵"越大，生活就越平衡，我们也就越舒适，但也会越接近灭亡。

所以我们要时刻提醒自己，不断地走出各种舒适区，不断地打破自己的平衡，主动迎接各种新挑战。

挑战的本质就是打破混乱性和无序性，我们当前主动迎接的挑战越多，克服的挑战越大，未来的生活才能更加有序，生活才能被我们所掌控。

温水煮青蛙的道理我们都明白，千万不要再幻想岁月静好，这个时代不适合温顺的羔羊，只适合矫健又凶狠的狼，狼从不幻想过上舒适的生活，它们要的是自由，用奋斗交换来的自由。

世界唯一不变的就是变化。稳定的本质，就是拥有化"无序"为"有序"的能力，而不是始终躺在那里享受一成不变的东西。

一定要记住一句话：如果你发现生活百无聊赖了，说明你已经趋于平衡了，这时你必须主动打破这种平衡，尽量走向更高维度的和谐，否则你将面临被淘汰的危险。

5.颠覆自我

人性里有一种本性——离不开原来的地方，或者习惯于把自己固有的性格、行为路径当作最合理的状态，本能地排斥跟自己不一样的东西。

因此，我们总是会变得越来越傲慢，顽固不化，故步自封，不能对外界事物做出最客观的评价。

人的行为有三种境界：第一种境界，为了生活，做自己不喜欢做的事；第二种境界，只有做自己喜欢的事，才可以更好地生活；第三种境界，驾驭各种新鲜事物，不再区分喜不喜欢。

真正的强者，是"无我"的。他们已经没有了个人主观感受，也没有自己的偏见，事物不再有喜欢和不喜欢之分，他们能从容地做各种事。

因为做到了"无我"，所以就不会跟外界有冲突；因为没有了"我"作为参照，所以也就没有了混乱，一切存在都是合理的。

一旦到了第三种境界，你就没有任何阻碍，"海纳百川，有容乃大"。所有的绊脚石都能成为你的垫脚石，让你攀得更高，看得更远。

这个时代每个人都需要一场对自己的革命，需要把自己推倒了重建。

综上所述，保持开放、终身学习、坚持自律、远离舒适、颠覆自我这五点就是我们对抗熵增的最好方式！

其实人生就是一场修行。我们经历的每一件事，我们遇到的每一个人，都是为了把我们推向更加合理的位置上，为了让自己的行为路径更加井然有序。

这就是生命的玄妙之处，我们总是试图使自己更加合理，生活更加有序，然而一旦抵达了这种最和谐的状态，我们必须又要马上打破这种平衡，再竭力使自己走向更加高维的和谐，也就是说我们永远都不能停下来。

这就是人生的真谛：生命不息，奋斗不止。

生态位法则

生态位对了，做什么都容易成功；生态位错了，做什么都容易失败。

生态位是生物学中一个极其重要的概念，它对我们人生的意义极大，其重要性甚至不输于"熵增定律"。

为什么它这么重要呢？

因为人也是一种生物，但凡生物就必然遵循一些基本的生存法则，比如错位竞争。而生态位就是一门研究生存与竞争的学问。

所以，不论是动物、人还是企业，都有自己的生态位，找到自己的生态位，才能在这个世界上更好地生存。

那么，什么是生态位呢？

很多人花了几千元，甚至几万元，去学习职业规划、品牌定位、企业战略，最后好像什么也没学到，该迷茫还是迷茫。

"有道无术，术尚可求；有术无道，止于术。"市面上很多课程教的都是"术"层面的东西，没有深及本质。

那么职业规划的"道"是什么？定位的"道"是什么？企业战略的"道"是什么？其实这些就是生物学中所说的生态位。

生态位是一个生物学概念，最初是由J.格里耶提出，用于研究物种之间的竞争关系。后来逐渐被发展完善，并开始延伸到商业领域。

生态位是指在生物群落或生态系统中，每一个物种都拥有自己的角色和地位，即占据一定的空间，发挥一定的功能。

怎么理解这句话？其实这句话本身没有什么玄机，它只是第一原理，从它引申出来的东西，才是我们要努力去理解的东西。

每个物种都有自己的角色和定位，这很好理解，对吧？比如有的鸟吃昆虫，有的鸟吃鱼，有的鸟抓小鸡。

如果所有物种都是一样的生态位，吃一样的食物，住在同一个空间，能不能和睦共处呢？

能！前提是资源是无限的，食物无限，空间无限，这样物种之间就没有竞争，如果是这样，我们就能和睦共处。这种没有竞争、没有天敌的生态位，就叫作原始生态位。

什么情况下有原始生态位呢？

就是我们常常说的蓝海市场。虽然说资源不是无限的，但是基本上是够用的，所以大家可以相安无事。

就像"鱼"，一开始这个世界上只有鱼，大家都生活在远古海洋里，由于资源丰富，所以物种间的竞争并不激烈，大家都享受着同样的资源。

但是这种状态不会一直维持下去，因为一旦资源充足，生物就会疯狂繁衍，所以每个物种所分得的资源将会越来越少，直至达到一个阈值——部分生物靠现有资源已经很难生存下去。

这个时候，弱者就必须另谋出路——寻找新的生态位。

于是，有的物种开始从海洋来到陆地，对于它们来说，陆地又是一个原始生态位，资源够用，没有竞争，没有天敌。

但是这种状态也不会维持太久，弱者又不得不寻找新的生态位。

有的吃草，有的吃肉，有的会飞，有的行走……最后每个生物都找到了一个适合自己的生态位，大家互相制约，形成了一种稳定的平衡态。

我们来梳理一下，从物种整个进化的过程来看，我们可以得到什么样的启发？

1.原始生态位

一开始，由于资源丰富，市场容量很大，所以竞争不激烈，大家都可以活得很好。这就是我们常说的蓝海市场，第一批进入蓝海市场的人也被叫作第一批吃螃蟹的人。

2.现实生态位

但是蓝海不是永恒的，因为地球上的资源是有限的，竞争者很快就会涌进来。于是每个人能分得的资源开始变得越来越少，竞争开始变得越来越激烈，直至达到一个阈值——弱者无法靠现有的资源生存下去。

最后就会出现三种情况：

（1）第一批吃螃蟹的人胜出。第一批吃螃蟹的创业者，一定要在巨头进来之前，迅速做大，形成规模效应，这样当你跟巨头的生态位发生重叠的时候，就是他死你活。

这也是为什么创业者需要拉投资、需要烧钱的原因，就是为了在巨头进来之前，运用先发优势迅速做大，然后成为绝对的强者。

（2）第一批吃螃蟹的人死亡。如果第一批吃螃蟹的创业者一直磨磨蹭蹭，没有利用好先发优势，导致巨头进来的时候没有人家强，最后只能是他活你死。

残酷吗？残酷，但这就是商业世界，跟动物世界一样，弱肉强食，适者生存。

（3）蓝海变红海，弱者需要寻找新的原始生态位。最终不论是第一批吃螃蟹的人胜出，还是巨头胜出，这片蓝海都将变成红海。如果你觉得你干不过人家，最好的办法就是寻找新的原始生态位，在那里成为第一。

不要在有巨头存在的生态位里拼第一，要去新的生态位里成为唯一。

科斯定律

一
美女最后嫁给了谁

先来看一个场景：

酒吧里，一个美丽又大方的美女在独自饮酒，有三个男生同时看上了她。

A男士很优秀，但不会追女生的套路；

B男士条件中等，但是非常刻苦努力；

C男士条件最差，但精通追女生的技巧。

他们三个都想娶她，请问美女最后嫁给了谁？

在思考这个问题之前，我们先看一下著名的科斯定律：只要产权是明确的，并且交易成本为零或者很小，一项有价值的资源，不管从一开始它的产权属于谁，最后这项资源都会流动到能使它价值最大化的人手里去。

按照这个逻辑，再回答一下上面的问题，请问上面那位美女最后嫁给了谁？

过往的各种现实告诉我们：这个美女往往选择了B男士或者C男士，就是不会选中最配得上她的A男士。

为什么呢？

难道科斯定律是个伪定律？

二
关于前提交易成本问题

请注意，科斯定律有个重要的前提，那就是交易成本为零或者很小。

什么是交易成本为零或者很小呢？就是我们很容易直接找到最合适的东西，或者说不需要再通过中间商、渠道商就能找到这些东西的时候，就是交易成本接近于零了。

否则我们得花钱通过中介才能找到它们，或者得买通拥有这些东西的独家渠道，这时交易成本都是比较高的。

而在这种状态下，往往是先知先觉并且优先行动的人更容易成功。为什么呢？因为他们的交易成本低。他们知道自己的弱项，不能拼硬件，只能从软性条件入手，能放下面子，多尝试，奋力突破一些固有的原则，这时更容易抢到先机，与目标直接建立链接。

我们再以商业为例，分析其中的逻辑：改革开放初期，市场的口子忽然被打开，很多人还没看明白的时候，那些最有胆识的人已经率先开干了，所以这是"胆识"决定一切的时代，你有多大的胆，基本上就能成多大的事。你可以没有文化，甚至连价值观都可以是混乱的。但是只要你出来干了，就很容易成功。

这很正常，因为那个时代信息是不透明的、机会是不均等的、资源也不是共享的，这时交易成本是非常高的。在这种情况下，最好的资源不是给最会使用的人，而是给那些胆子最大、能第一步跨出去的人。

所以我经常说，之前的那个时代，一个人的成功跟个人能力和贡献根本没有太大的关系，只要你胆大、有闯劲、有眼光，你就能成功。

三

当下商业形态的变化

在互联网越来越发达、信息越来越对称的今天，中间环节越来越少，这时社会的交易成本就越来越低，甚至开始趋近于0，这是一个价值高度对称的时代。

也就是说，我们越来越不需要为交易过程买单了，可以直接找到我们想要的目标（资源、人群等），可以直接奔向目标。

这个时代机会越来越均等，渠道越来越公开，资源越来透明，比如互联网公司最喜欢喊的一句口号是"没有中间商赚差价"，说的就是这个道理，每个人都能随时找到你想找到的资源，很多时候也就是上网搜一下的事情，这个成本是接近于0的。

那么科斯定律的前提成立了！

四
科斯定律规定你要怎么做

在一个信息和价值高度对称的时代，每一个机会只留给最能配得上它的人。最好的技术（工具）一定会被最善于使用它的人所掌握，最有价值的思想也一定被最具奉献精神的人所获取。

此时，社会的价值交换越来越高效，社会的运转效率将大大提高，这就要求我们时刻做好准备，机会留给有准备的人，这句话终于成立了。

如果我们自己的价值和层次没有提升到位，即便运气爆棚，机会一个个降临，也会被我们一个个错过。

其实商业的本质很简单，就是给自己的客户提供独具价值的东西（服务或产品），同时实现自己的收益（副产品）。我们获得收益的多少，越来越取决于我们提供价值的大小，商业逻辑正在越来越接近这一点。

无论科技怎么发展，无论变化多么剧烈，无论突发事件多么频繁，有一点是不变的，社会一定在朝着价值最优组合的方向发展，在"算法"的配合之下，每一件东西、每一个人都将会被最优化匹配。

这是一个套路过剩的年代，人人都熟悉了各种套路，而当所有人都在使用套路的时候，那些用心、有价值的人就成了最受欢迎的人。

从现在开始，机会将越来越公平，法制和法规也将越来越完善，社会告别了野蛮生长期，开始向纵深、精细化发展，一个人如果想要成功，就必须依靠你能创造的价值，我们正在进入一个"价值"决定一切的时代。

在一个价值高度对称的时代，每个人只能得到和他相匹配的东西，一旦自己拥有的东西超过了自己的能力与价值，就会出现麻烦。

《周易·系辞下》里说：德薄而位尊，智小而谋大，力小而任重，鲜不及矣！

因此，未来得到一件好东西的最好方式就是努力提升自己，让自己配得上它。

财富守恒定律

什么是财富?

房子、车子、土地、厂房等都是财富,财富的本质是物质,既然物质是一种能量,那么财富就是一种能量。

物理学中有一个重要的"能量守恒定律"——能量既不会凭空产生,也不会凭空消失,它只会从一种形式转化成另一种形式,或者从一个物体转移到另一个物体,而能量的总量保持不变。

既然能量守恒,那么财富也会守恒:一个人的财富总量,取决于他对世界创造的价值总量。财富地流通变化的,最终实现财富跟贡献互相匹配。因此,财富守恒。

清华大学的校训中有"厚德载物"一句,德,就是端正的品行,这本身就是一种能量,既然物质是一种能量,那么能量就可以转化成物质,有"德"就有"得"。

"厚德"其实也是"后得"。如果想增加财富的数量,就必须先提升自己的品行和增加自己的贡献。

　　财富是外在的"得"，能量是内在的"德"。当我们内在的"德"大于外在的"得"时，内在德的能量就会转化为外在物质的"得"，品德就会转化成财富。

　　当我们发现自己的财富已经超出自己的贡献，可以主动把物质奉献出去，比如修建学校、扶贫助农、帮助灾区等，让财富和贡献匹配，这就是主动平衡。

　　而很多人却永远都是在无止境地追求物质财富，有了钱以后就大量买别墅、车子，生活奢侈，却从不知道提升自己的品行以及增加自己的贡献，总有一天会被自己的财富压垮。

　　当品行和贡献配不上我们的财富和物质的时候，灾难往往就开始发生了，这就是被动平衡。

不值得定律

心中无事自无事，心中有喜常欢喜。

难得来世间一趟，自然是要好好地生活，何必为了一些小事给自己添堵呢？

学会"不值得定律"，才可以在悠长岁月里活得轻松自在。

一
没必要的争论，不值得辩

有人说，人生中最重要的八个字，是"关你啥事"和"关我啥事"。这八个字，就能解决80%的烦恼。

这听上去似乎是逞一时口快，但仔细想想，难道不正是这个道理吗？

如果你每天都要一次次地和别人解释或争论，那么你的时间就在这些解释和争论中悄悄流逝了，你的好心情也因此渐渐被败坏了。

《庄子·秋水》里有这样一句话："夏虫不可以语于冰者，笃于时也。"

和不同层次的人争辩，就是一种无谓的消耗。

他从未去过你到过的地方，不知道你读过的书，不认识你遇见的人。

隔着太多的障碍，沟通就是一场漫长的无用功。

你站在山巅，告诉他前面是一片海洋；他在半山腰，只能看到满目荒凉。

与其和他辩论，不如朝着大海前行。

二

无意义的事，不值得辩

伏尔泰说："使人疲惫的不是远方的高山，而是鞋子里的一粒沙。"

很多击垮人们的事情，并非是多大的难题，而是一些非常琐碎的小事。

因为那些看似微不足道的小事，会无休止地消耗人的精力。

东汉末年，有个叫孟敏的人，买了一只陶罐，在路上不小心摔破了。孟敏连看也不看一眼，径自走了。路人觉得很奇怪，过去问他："你的罐子打破了，怎么连看也不看一下呢？"孟敏回答说："罐子已经破了，看它又有什么用呢？"

这世上，所有的事情都是有成本的，为不值得的事情浪费时间，必然会错过其他的美好。

与其把自己的一生浪费在不值得的事情上，不如立刻前行，不纠缠，不懊悔，不回头。

别人说两句就急着跳脚，多半是内心还不够笃定。内心丰盈的人，活在自己心里，而不是活在别人嘴里。

三

走远的关系，不值得留恋

有句话是这样说的："不知道从什么时候开始，在什么东西上面都有保质期，秋刀鱼会过期，肉罐头会过期，连保鲜纸都会过期。"

多年前听不懂歌里那句"来年陌生的，是昨日，最亲的某某"，如今听懂却已是曲中人。有些人不必强留，有些关系也不必强求。

要接受任何人的渐行渐远，也要接受任何人的分道扬镳。

不要再像个孩子似的，抓住一样东西就不肯放下，只有"舍"得一些，才能得到更好的。

卡贝定律

有时候，成功需要一点格局，这个格局名叫"放弃"。

美国电话电报公司前总裁卡贝就给员工提过一条建议：放弃有时比争取更有意义，它是创新的钥匙。

这就是后来被奉为经典的"卡贝定律"。

如果你空有一腔热血，却始终在无足轻重的事情上摸爬滚打、费尽心思，那不是执着，而是愚蠢。

当方向错了的时候，停下来也是一种进步。

弄清自己所擅长的方面，了解自己的力量，只有选对了方向，才有可能看到希望。

爱因斯坦曾说："如果给我一个小时，去解答一道关于我生死的问题，我会先花55分钟弄清楚这道题到底在问什么。一旦清楚了它到底在问什么，剩下的5分钟足以解答这个问题。"

第四章

Chapter 4

社会真相

——有效避免因自己交太多
认知税而变穷

群体的智慧

先来看三个故事：

一

1906 年，一年一度的英格兰西部食用家畜和家禽展会上，举办了一场猜重量比赛。参加者猜测一头牛的体重，谁猜的最接近牛的实际重量，谁就获得大奖。几百人踊跃参与，其中还有一位统计学家——弗朗西斯·高尔顿。高尔顿是达尔文的表兄弟，相信进化论。

因此，他对群体智慧不以为然——普通群众没有优良基因，猜出的重量肯定也不准。于是，他统计了 787 个人猜测的重量的平均数，以此代表这个群体的智慧。计算结果是 1197 磅，他估计这个数一定和牛的体重差得很远。

结果，他错了。牛的实际体重是 1198 磅。群体的平均数比群体中任何一个人的猜测都准。这是巧合吗？

不是。后来无数次的同类实验——包括一个罐子里能放下多少粒米、一个盒子里能装下多少花瓣等，都证明了这一点：群体估测的平均数是最优结果。

二

美国新墨西哥州圣达菲市的"埃尔法罗"酒吧在当地很受欢迎，有时客人比较多，但人一多顾客满意度就相对下降了。于是，经济学家布莱恩·阿瑟为这个酒吧的上座率与满意度设计了一个问题。

他设定，如果上座率不超过六成，所有人都会开心，反之，所有人都不开心，并用计算机做了一个模拟实验。每台计算机采取不同的策略决定是否去酒吧，比如"根据前一天的上座率决定""根据上周的上座率决定"等，模拟了100个星期。

结果发现，虽然每天的上座率变化不定，但700天里日平均上座率恰好是60%！这意味着即使没人领导组织，群体依然可能自发达成协调，使平均上座率达到能使每个人都开心的最大值。

三

大家想必都看过这一类的综艺节目：参加者只要连续答对主持人提出的几个问题，就可以赢得奖金。

当你不知道答案的时候，可以有以下几种辅助方法：比如去掉一个错误答案，再比如请教你认定的"专家"——一般都是事先约好的亲戚朋友，又比如可以征求现场观众的意见。

统计结果显示，通过请教"专家"答对问题的概率是65%，而通过征求现场观众意见答对问题的概率却高达91%！

以上三个案例，可见群体智慧的强大之处！

正是因为每个人都有自己的偏见、短见和利益冲突，所以需要用群体决策的方式过滤掉这些东西，只要保证群体里每位个体都能独立思考，那么群体思考的最终决策，就是大众思考的平均值，我们依靠这种群策的机制，可以消除这些偏见、短见和利益冲突。

比如，"算法"的本质，其实就是群体选择的最优解。当某一个产品（信息）被大部分人选择的时候，系统就会自动地把这个内容推荐给更多的人。

"区块链"的本质也是群体决策的机制，当某项意见被大部分人采纳的时候，就会自动执行下去，没有任何人能干扰。

我们都知道蚂蚁和蜜蜂是最有智慧的群体，蚂蚁可以发现最短路径，蜜蜂可以保证协作效率的最大化，但是单个看每只蚂蚁和蜜蜂，都只是普通的个体，他们正是依靠群体决策，它们才产生了了不起的智慧。

我们经常说一个词——群策群力。诚然，大众总有不理性和不成熟的一面，甚至爱看热闹、爱起哄。但最有意思的是：大众在大是大非面前却极少会犯错，在群众折射出的一股股精神思潮里，永远都蕴含着邪不胜正的理念，古今中外，概莫能外。

不信大家看看历史，尽管其中总是出现曲折，好人被诬陷、小人得志等情况时有发生，但是最终的结果往往又是公平的。

但是，为什么历史总是出现局部的曲折呢？或者说，为什么历史的局部总是会有群众犯错的案例呢？

首先，个别别有用心者干扰了群众的思考。

比如"二战"时期的德国，正是因为出现了希特勒这样的领袖，才将整个德国带偏了方向。他的演讲能力是一流的，极其善于在大众中制造情绪，最后让很多人放弃了思考，选择了跟随领袖，结果领袖本身出现了严重的问题，让整个民族走向悲剧。

我们总是迷信权威，甚至懒于思考，沉溺于安逸的环境，期望被权威带着走，所以我们的独立思考能力在不断减弱。

其次，官僚机制屏蔽了群众的意见。

极端领袖和官僚体制的产生，以及组织内部复杂的身份、地位、层级，导致很多个体意见被屏蔽，而且其他成员也无法独立思考。

于是，大众只能在反复的错误中吸取教训，历史永远都是在曲折中前进。

最终大众发现，只有保证群体里的个体都能独立思考、多元发展、平等发言，才能真正发挥群体智慧的力量。

历史是英雄引领的，却是由大众创造的，正是因为群体的智慧，才保证了结果的正义和公平，这才是一股无形的力量，推动着社会的不断前进。

世道规律

先来看一个现状：2004 年以来，北、上、深房价大概上涨了十几倍，所以，凡是在一线城市能有立足之地的，无论你能力多么平庸，很多都是千万富翁。

再换一个角度来看社会：2004 年以来，无数制造业企业的日子越来越难，很多企业家当时拥有亿万身家，如今却负债累累。

同样的时代，同样是十几年，同在一个国度，有人平步青云，有人却跌落谷底。

这究竟是为什么？

研究了几年之后，我得出这样一个结论：我们身处一个跌宕起伏的大时代，短短十几年却经历了一个大周期。凡是踏准了周期节点的人，都被送到了浪潮之巅；凡是一脚踏空的人，都被巨浪掀翻。

这跟人的智商、天赋以及勤奋的程度没有太大的关系。要知道，在一个各种变化不断来袭的时代里，我们就像是在大浪里航行的船，面对汹涌的波涛，无论多么拼命地划船，其作用都微乎其微。

人生福祸得失，皆因时代周期而起。人和人的命运确实有很大的不同，有的人顺风顺水，有的人历尽坎坷。之所以有这种差别，更大程度上应该归结于一个人能不能借势发力。命运最大的不同，其实是人发力原理的不同。

我们再来看看宇宙的样子吧。它就像一个大漩涡，可以看成是一股正在旋转的能量。

它蕴含着巨大的"势能"，如果我们能顺应宇宙的能量一起运转，就是顺势而为，就可以"坐地日行八万里"。而如果我们的方向和宇宙大势的方向相反，必定会在运转中受到很大的阻力。

这种无形的力量就叫规律，它是宇宙的势能，也是一股股时代发展的浪潮。

在时代规律面前，我们真的很渺小，我们的想法、我们的努力、我们的牺牲根本不值一提。

我们就像时代洪流中的一叶浮萍，无论你多么才华横溢，无论你多么拼搏上进，都无法逆转这个巨大的规律漩涡。

很多人说，活着就是为了改变世界，而现实情况却是，世界有它自己的客观规律，没有个体能改变世界。

什么样的人可以被称为神人呢？人一旦看透了规律，顺应规律办事，踩准每一个变化节点，这就是神人。

大多数人只适合埋头做事，这叫谋事；一部分人学会了见机行事，这叫谋时；极少数人善于审时度势，这叫谋势。

举个例子来说明。现在流行的新能源电动车，早在1881年就被发明出来了，这比卡尔·本茨发明的汽车还要早5年。然而直到100多年后的今天，电动汽车的快速普及，才让人们对电动车燃起热情，还说这是新能源。

这是为什么呢？因为汽油是100多年前的新能源，它取代了煤，符合当时的历史潮流。而电力只有在现在才是最与时俱进的新能源。

所以，一个人要想获得成功，一定要考虑自己所处的历史进程，要考虑整体的大环境，还要考虑所处时代的需求，而不是只顾埋头自己干。

再看一个例子：凡·高和毕加索，生活在同一个时代，都才华横溢，都是画家，他们俩的命运却有天壤之别。凡·高一生穷困潦倒，有生之年只卖出一幅画……最后还自杀了。而毕加索活到了91岁，人生灿烂辉煌，有很多的豪宅和巨额现金，是史上最有钱的画家。

同样有才华，处在同样的时代，两人的命运竟然如此迥异，难道真的只是造化弄人吗？

究其本质，凡·高的作品不属于那个时代，他只顾自己内心的感受，过度沉溺于自己的世界。

而毕加索很懂得抬头看天，是一个很能认清自己所处时代的人。19世纪西方的金融体系还不太完善，但毕加索已经学会了利用信用创造财富，他的一生便印证了中国的一句古话：识时务者为俊杰。

北宋名臣吕蒙正有一篇奇文叫作《命运赋》，吕蒙正居丞相的高位审视人生，写出了如下绝妙的总结：蜈蚣虽有上百只足，却不如蛇爬得快；雄鸡的翅膀虽很大，却不能像鸟一样飞行；马有日行千里的本领，没人驾驭也不能到达目的地；人有远大的理想，缺乏机遇就不能实现。

汉将李广虽有射虎中石的本领，却终身都未获封侯；冯唐虽有治国的才能，却一生怀才不遇；韩信时运不济时，连饭都吃不上有人先富后穷，也有人先穷而后富。

吕蒙正也这样反思了自己的命运：以前我在洛阳，白天到寺庙里吃斋饭，晚上住在寒冷的窑洞里，大家都说我卑贱，是我没有机遇啊。现在我入朝为官，官职做到最高层，做到三公，只在皇帝一人之下。别人都说我能力强，其实只不过是我的时运到了而已。

吕蒙正发出这样的感慨："人生在世，富贵不可捧，贫贱不可欺，此乃天地循环，终而复始者也。"

既然按照规律办事可以成功，那么，这世间最大的规律是什么呢？

比如，中国社会有一种天然的调节功能，它不断地让社会洗牌，不断地让富人变穷，让穷人变富，所谓"三十年河东，三十年河西"。穷不过三代，富不过三代，说的就是这个意思。

物极必反，盛极必衰，否极泰来。没有永远的强者，也没有永远的弱者。

规律就是这样反复无情。在这一过程中，那些立于不败之地的人，往往都是恰到好处地掌握了规律拐点的人。他们在事物即将发生反转的那一刻选择出手，从而使自己人生的最高点永远都处于一种"似到未到"的状态，这才是一种大智慧。

比如范雎当退则退，曾国藩适可而止。

欲戴王冠，必承其重。水能载舟，亦能覆舟。

其实大部分人的成功都是时代的成功，或是时代助推的结果。时来天地皆同力，运去英雄不自由。

然而，有很多富人总以为自己成功了就是大功告成了，他们就开始高枕无忧、不思进取，越来越贪婪，不懂得感恩时代，不懂得及时反哺社会，等待他们的很可能是灾难。

其实中国才是一个最公平的社会，因为有这样一只无形的手在调节社会的公平。

最大的规律是人心。虽然大众的品位也许不高，但大众在大是大非面前一般不会犯错。

最后做个总结，人的成就究竟是从哪里来的？

我认为都是修出来的。一个人要想永远立于不败之地，唯有不断加强自己的人品修养。

就像《命运赋》里的一段话："时遭不遇，只宜安贫守分；心若不欺，必然扬眉吐气。初贫君子，天然骨骼生成；乍富小人，不脱贫寒肌体。"

意思是：时运不好的时候，只要踏实努力就好了；不卑不亢，总有一天会有所成就；心中坦荡的人，即便贫穷也会有浩然正气；一时得志的小人，永远摆脱不了猥琐的形态。

世界变幻莫测，若想立于不败之地，就必须做到小我，懂得感恩，辛勤耕耘，扎扎实实地去创造。

未来的时代，只埋头拼命已经没有用了，"广结善缘"比"埋头苦干"重要，"心态端正"比"顽强奋斗"重要。

越痛苦，越能看清世态人情的真相

一

日本文学

北海道乡下的木屋，破旧的电车，失意潦倒的青年画家。画家的妻子出轨，他踏上了乡间之旅，遇到温泉旅馆的女招待在无数张素描里描绘她柔软白皙的脖子和双手。

数月后，当他再次回到旅馆，妈妈桑告诉他，女子已经在几天前自杀了。就算没跌到谷底，人生也早就结束了啊。

二

拉美文学

潮湿的气候，频繁的政变，没完的流亡，蚊虫爬满房间的各个角落，霍乱期间还得小心梅毒。教堂的钟声响起，代表葬礼正在进行，全城都知道又有人死了。

青梅竹马的情人最后肯定不嫁给自己，每天在墙外踮着脚看人家给丈夫泡茶，还得在人家老爸的企业底下打工，一个字：惨。

三
俄罗斯文学

冰雪，泡烂的木材，厚重的衣服，醉得烂泥一样的人。祖孙三代挤在低矮狭小的客厅里，爷爷在茶炊前咒骂不成器的舅舅。

孩子因为家庭的困境被送去店里当学徒，光脚睡在地板上，天不亮就要给老板一家做饭带孩子，当他再也忍受不了虐待逃回家时，这世上唯一爱着他的母亲正在出殡。

四
中国文学

其实最苦的，是中国作家。

1992年寒冬，穷了一辈子的路遥去世了，年仅42岁，让人意想不到的是，获奖无数的他唯一的遗产竟然是一万多元的借条。

路遥死后，潘石屹有一天突然跑去延安大学看路遥的墓地，墓地的简陋和破败让潘石屹含泪沉默了许久。临走之前，他给延安大学的校长留下100000元和一句话："帮我修缮下路遥的墓吧，他那么伟大，不该如此。"

去世三个月前，因为穷，路遥在病床前无奈地签下了离婚协议书。

去世前两个月，路遥泪流满面地感叹："我那老婆怎就跑了呀！""等我出院以后，我先回王家堡老家，让我妈把我喂上一个月。我妈做的饭好吃，一个月就把我喂胖了。"

病危期间，路遥念念不忘中学时，因为饥饿偷吃西红柿的事。

去世前三四天，路遥对去看望他的人说："我这十几年，吃的是猪狗食，干的是牛马活。"

去世前一两天，路遥仍对生命充满向往："生活太残酷了，我一定要站起来……"

临去世的那一刻，路遥痛苦地在病床上缩成一团，嘴里却呼喊着："爸爸妈妈还是离不得，爸妈亲着哩……"

路遥出生在陕北农村，他的家是那块贫瘠土地上的赤贫之家。

为了能混口饭吃，路遥很小就被过继给了大伯。那天，父亲送他去大伯家时，用身上仅有的一毛钱给他买了一碗油茶。

路遥问，您怎么不喝？

父亲说，你喝吧，我不喜欢喝。说完便背过去偷偷抹眼泪。

读书时，好多同学在裤子口袋里装上几个钢镚，走路时叮当作响神气极了。一个子儿都没有的路遥，偷偷在兜里装上螺丝钉，用螺丝钉的叮当响维护着自己可怜的自尊。

童年被父母送人，青年时被初恋抛弃，临死前被迫离婚。路遥的一生是苦难的一生，开头、过程和结尾都很惨！

但在苦难中间，路遥靠自己坚强的毅力和才华，抒写了波澜壮阔的诗篇，升华了自己的人生，影响了无数人！

为了写好《平凡的世界》，他翻遍了十年来的《人民日报》，一直翻到指纹都被磨没了，还用手掌接着翻。为了写好煤矿工人的世界，他下煤矿体验生活，用大筐背煤，越累越好，他要求自己必须写出真情实感。

倾注了路遥全部心血的《平凡的世界》，在1991年斩获中国文学最高奖——茅盾文学奖。可讽刺的是，他连去领奖的路费都没有。借钱给他的四弟劝他不要再中奖了，因为奖金根本就管不住来回的花销，更别说管住写书时的烟钱。

路遥在生前无数次想放弃写作，因为码字没有办法养家。写完《平凡的世界》之后，他把钢笔扔出窗外，发誓再不写作。隔天，又跑出去捡了回来。

在他死后15年，挚友贾平凹写文追悼：他是一个优秀的作家，他是一位出色的政治家，他是一个气度磅礴的人，他是夸父，倒在干渴的路上。

有人说，路遥如果不是早死，最有可能问鼎诺贝尔文学奖。

作家高建群说：一个作家去世20年，人们还在热烈地怀念他，还在谈论他的作品，这是对作家最高的奖励和荣誉。

《故事里的中国》说：路遥用生命最后的6年时间，舍身献上的《平凡的世界》是一部气势恢宏的历史画卷，也是一部荡气回肠的生命交响曲。

一直到今天，《平凡的世界》依然是各大高校借阅量最大的图书。为什么？因为有太多太多的人，在孙少安、孙少平的身上，看到了自己的影子。路遥给一切卑微的人带来了希望、勇气和光亮！

《平凡的世界》影响了一代又一代的人。

马云说，在他艰难创业的时候，是《平凡的世界》改变了他，让他意识到只要不放弃，就会有希望。

潘石屹读了7遍《平凡的世界》，他说："每一次的人生低谷，觉得这个坎过不去了，我都要拿起来读一遍，以至于每个细节都记得很清楚。"

生活不易，生命本多磨难。唯有身处卑微的人，最有机缘看到世态人情的真相。

你能放下什么，就能得到什么

尼采说，美好的事物总是弯曲地接近自己的目标，一切笔直都是骗人的。

因此，你越想得到什么，就越需要放下什么。

放下什么，就得到什么，这是一门大学问。

人生真正的转折点，往往就在你"放下"的那一刻。

放下小我，得到大我。

《周易》里有这样一个定律：以自我为中心的人，将困于人生最大的陷阱。这让他们陷入"自我算计"的轮回里，永远不可自拔。

当"我"字被过分强调时，就会变成诅咒。唯一超脱的办法是"后其身而身先，外其身而身存"，忽略掉小我，才能成全大我。

放下"放纵"，得到"自由"。

当你不再放纵，而是学会自律的时候，你就拥有了真正的自由，因为只有当你知道自己的行为边界在哪里，才能知道自己的自由空间在哪里，从而获得自由。

放下执念，得到快乐。

大多数人的心，都被各种外物牵挂，他们看起来是不离不弃的，其实都是一种执念，只有当你没有这些执念的时候，你才能得到真正的快乐。

放下旧爱，得到新爱。

万事万物，总是处在新陈代谢之中，爱情、事业都是这样。放下过去，放下从前的拥有，心也许会痛苦一阵子，但不会痛苦一辈子。

旧的不去，新的不来，有大破才有大立。

最聪明的人是那些懂得舍小取大的人，他们看起来吃了小亏，却占了大便宜。

比如懂得让利于人，给别人一点点小恩惠，就会让你的生意"门庭若市"。

比如懂得把别人最想要的东西给他们，往往相当于你在这件东西价值最高点的时候抛掉了，从而将价值最大化地变现。

那些斤斤计较、每一分钱都紧紧捂住不放的人，往往就会一毛不拔，最后使自己寸草不生。

人生的最高境界无非两个字：放下。如果能放下产品做产品，放下生意做生意，放下赚钱去赚钱，就容易成功了。

在一场赌局中，决定胜负的东西是什么？

其实既不是技巧，也不是运气，而是你赌博时候下的注！

为什么呢？

有人拿普通瓦片当赌注，他赌得自如潇洒，因为他不在乎这个瓦片，所以不急不躁，稳扎稳打。

而那些拿黄金当赌注的人，在赌局还没有开始的时候，就神志昏乱了，其结局也就可想而知！因为他太在乎每一场赌局了，放不下手里的东西，患得患失，气度和魄力全无！

其实，现在很多人之所以总是输，总是走不出困境，都是因为被自己手里的东西束缚住了，放不下。

武学里有一句古话：心狠手不准。意思是：心越狠的人，出手越不准。因为他总是恨不得一下子就把对方置于死地，所以每一招都是撒手锏。但越是这样的心态，越不容易打准对方的要害。

还有一个例子：一个男生追女生，越在乎女生，心中越放不下，就越追不到她。为什么呢？因为他太想得到对方了，以至于做每一件事的目的性都很强。这导致女孩子有一种被挟持的感觉，潜意识中就想离这个男生远一点儿。

而那些能放下的男生，都善于用"欲擒故纵"的办法，这才是真正掌握了追女生的大道，他们看起来若即若离，却悄然间抓住了女生的心。

很多人事情之所以做不好，就是因为把手里的东西攥得太紧了，或者总是盯着目标不放，总是放不下，所以诚惶诚恐、畏畏缩缩。"凡外重者内拙"，意思是，凡是看重外物的人，内心一定笨拙。

我见过很多人谈自己的产品的时候，反复地说产品多么好，从材料到做工，从价格到服务，比市面上的其他产品好很多，但就是卖不出去，为什么呢？

其实，现在很多人之所以总是输，总是走不出困境，都是因为被自己手里的东西给束缚住了。

因为决定产品价值的，不只产品本身，还包括产品之外的东西。比如喝茅台真的是为了喝那个酒吗？排队卖喜茶真的就是为了一杯茶吗？如果不能放下产品去谈产品，就会永远被套在产品里出不来，越陷越深。

同样的道理，很多人一上来就给你推销东西，迫切地想把产品卖给你，这种人充其量就是一个销售员。真正厉害的销售是放下销售谈销售，不知不觉中就把东西卖给你了，还让你觉得自己占了一个大便宜，笼络了你的心，从而促使你进一步消费。

世间所有的技巧都可以学习，人的能力和机遇也都差不多，人和人最关键的差别就是心态。如果一个人能放下，就在他放下的那一刻，一切死结都解开了，人也顿时觉悟，心境马上就不一样了，解决问题的方法自然就有了！

但是，现代人的欲望都太强了，恨不得一口吃成个大胖子，甚至把每次机会都当成一夜暴富的救命稻草，在面临各种机会的时候患得患失、束手束脚、惊慌失措。越放不下，就越容易失去。

所以，绝大部分人不是败给了对手，而是败给了自己。世间的大部分失败，其实是败给了"在乎"二字。

为人做事，"放下"就是最高层次的操控，就是主导一切变局的秘诀。

放下产品谈产品，放下创业谈创业，放下理想谈理想，才能真正地触及本质问题，才能有"山重水复疑无路，柳暗花明又一村"的感觉。

每个来到这个世界上的人，都带着一个共同的目的：求名图利。但是，如果一个人能放下名利心，就是名利双收的最好办法。

"当局者迷，旁观者清"，只有将自己置身于事物之外，才能把事物看得更透彻，才能对局面把握得更精准，才能有一种超然的心境，视宠辱如花开花落般平常，视变化如云卷云舒般自在。

"蜂窝"时代到"广场"时代

在大数据和云计算时代，我们都是透明的。每一天、每一个人、每一个行为，都会被精准地记录下来：你和谁通过几次电话？用了哪几个App？微信聊了什么关键词？网上买了什么东西？住了哪里的酒店？乘坐哪一班高铁或飞机？去了哪几个场所？这些全部被刻录了下来，形成了一个个行为轨迹。

不要以为你藏起来就没人知道，只要你打开手机，基站就可以迅速获得你的方位角，通过手机信号就可以算出你和基站的距离。当三个基站同时工作的时候，就能精准地确定你的位置。

不要以为你们偷偷地聚会就没人知道，要知道，每一个人都是有身份标签的。当某一种敏感标签同时出现在一个地点的时候，说明你们又在筹划什么了。

所以，在这个时代下，我们千万不要以为自己每天做的事没有人知道。其实，只要到了关键时刻，这些都可以被随时调取。

没错，人类正在从"蜂窝"时代升级到"广场"时代。

所谓"蜂窝"时代，就是没有互联网、没有大数据的传统时代。那时候的社会结构就像一个个小蜂巢，我们不知道里面发生了什么事，或聚集了些什么样的人，这就很容易形成各种凌乱的个体和小群体。管理者无法掌握所有人的习性和行为，这就给投机和犯罪带来了各种便利。

所谓"广场"时代，是指互联网的发展让人类的一切都被串联并呈现了出来。如今这个社会，每个人都要在大庭广众之下工作和生活，每个人都在无形中被监督，而且社会的边界和篱笆越来越少，流动性和协作性大大增强。

这就好比复杂暗淡的夜空，一下子变成了朗朗乾坤、昭昭日月。

比如，曾经我们看到的每个网站的页面都是一样的，因为这些页面是统一面向所有人的。

而现在，有心人早就发现了这样一个事实：我们看到的淘宝、今日头条、微信公众号、百度都是不一样的。因为那些我们使用的网站或App，早就根据我们的阅读和点击习惯追查到了每一个人的爱好和需求。

看看你的淘宝首页，那几个产品一定是你经常留意的；今日头条的新闻一定是你最关心的领域；再看看百度下面的购物、广告、招生、游戏等信息，全部都和你的个人符号息息相关。

这样也好，社会正在从"千篇一律"升级到"千人千面"。

未来，每个人都会沉浸在自己的世界里，而且越来越沉溺，甚至无法自拔，可悲的是我们也越来越无法窥见世界的全貌。

又如，有一个非常有意思的现象，我最近收到各个银行发来的短信，告诉我可以有多少贷款额度，因为银行已经追踪到了我最近在看房的行为，再结合我的房贷和收入情况，它们知道我需要什么，并且它们能计算出我是它们的合格客户。

人必须光明正大地做事，你的收入来自哪里？收入有多少？缴的税是多少？消费在哪里？这些同样都会被清晰记录，不要再想偷偷摸摸做什么事了。

公司必须正规化，税收、社保、个税必须按正规流程走，因为这些数据都会被详细记录，再想浑水摸鱼，真的是很难了。

投机的机会将越来越少，因为传统的投机行为只发生在社会的野蛮发展时代。如今，社会越来越精细化，每个人必须精耕细作，脚踏实地地做事才能谋得一席之地。

如今，一个人身上最值钱的是什么呢？是一个人的信用。金融机构将越来越看重一个人的信用，而不是看一个人的固定资产。比如，现在各种互联网金融平台都是根据一个人的信用度来确定一个人贷款的额度，芝麻信用成了一个人信用的重要参考信息。

如今，一个人有没有犯错，需要付出什么代价，不再是某一个机构的人为决策，而是数据记录到一定程度，就会有相应的措施自动施加。比如，你在这里违规了，那么你的芝麻信用就会自动减少，于是你的权力也会变小了。

以往，每一个人作为价值创造者，需要有公司或单位去分配自己的价值，如奖金、提成等。

而现在，每个人创造的价值都能被精准地记录与分配，并及时兑现，而且非常透明、公开。随着区块链的发展，每个人的信用价值被时刻记录存档，任何机构都无法更改。

我们正在进入一个自律性社会中，因为在"平台＋个体"的时代，每一个"个体"都会被平台时刻监督。阿里巴巴可以关闭一个淘宝（天猫）店，腾讯可以封锁一个自媒体，抖音可以封杀一个网红，滴滴打车可以停掉一个司机的ID，美团也能停掉一个餐厅的线上生意，等等，只要你违反了规则，就要接受平台的惩罚。

以上这些都在逼着我们时刻检点自己的行为，真是"要想人不知，除非己莫为"啊。

我们终于发现，让社会走向美好的不是道德，不是利益，而是公平的规则和制度。

我们唯一能做的，就是做一个好人。

道理只能解决道理能解决的问题

我曾看过一个提问：有什么道理是你长大了才能懂得的？

有一个回答被众人赞到了高处："小时候总以为有理走遍天下，后来才知道，这个世界是从不讲道理的。"

这个世界上最笨的人，就是那些最会讲道理的人。道理不是万能的，道理只能解决道理所能解决的问题。

一
家庭的道理讲不明

先看看家庭，家庭是一个只需要讲道理的地方吗？不只是这样，家庭还是一个需要讲"爱"的地方。

我们在和爱人、家人沟通的过程中，如果一味地讲道理，这个家庭就会越来越缺少温馨的感觉，不像一个真正的家。

尤其是很多男人在外面应酬习惯了，回到家跟老婆讲理，这应该怎么样，那应该怎么样的，这是一种错误的沟通方式，只能不断产生矛盾。

家需要的是包容和关怀，你再能赚钱、再有理，到了家里都得卸下理性，卸下你的光环，不要再去盘算应不应该，对或者不对，怎么才合理，而是应该把你的爱给家人。

二
职场的道理离不开"利"

再看看职场，职场是一个需要只讲道理的地方吗？显然也不全是，职场是一个讲"利"的地方。

我们在和伙伴、客户沟通的过程中，如果一味地讲道理，你的客户或伙伴就会对你越来越没兴趣，没有人喜欢听你讲理，大家是来谋利的，只有理而没有利，就会逐渐被大家孤立。

职场上的每一个人都是奔着"利"字来的，天下攘攘，皆为利往，你把人对利益的需求满足了，大家就会服你。

现在大家发现了吧，家庭和工作这两种人生最常见的场合，都不只是讲理。

三
唯命是从不如以礼相待

那么，面对尊者、强者的时候需要讲理吗？

其实也不是什么时候都需要。

面对这些人最需要讲究的是一个字：礼。

比如面对长辈、老师的时候，无论你做得多对，都得表现得毕恭毕敬。很多人总以为自己做的是对的，或者有理在先，就可以在尊者面前理直气壮、肆无忌惮，甚至去冒犯他们，这就是最大的"无理"。

四
弱者需要给以"仁"

面对弱者需要讲的是一个字：仁。

如果我们总对弱者讲理的话，只能表明我们越来越冷血。弱者本来就是按照强者设计的逻辑生存，如果不能给予弱者足够的关怀，弱者就会和强者走向对立面，积累更多的社会矛盾。

强者要对弱者无条件地去施舍，无条件地去仁爱，甚至适当地给他们更加灵活的生存空间，这也是一个社会最大的仁慈，也是强者最大的智慧。

现代社会，我们对强者的要求越来越高，容忍度越来越低，各种道德审判让他们每天如履薄冰，犹如背负着巨大的枷锁。与此同时，我们对弱者的宽容性也越来越强，比如现在的各种扶贫工程、帮扶工程等。

五
面对冲突不能讲理

那么，面对冲突的时候需要讲理吗？其实现在解决冲突的根本是"法"。

如果只讲理的话，就不会有"防卫过当"这个罪名了。很多人在和别人发生冲突的时候，总以为自己有理在先就可以大打出手，其实这是非常错误的认知。

现在公安是怎么处理打架事件的？首先看是谁动的手，再看谁把谁打伤了，只要你动手了，哪怕你有理，也要负责任，而且如果你把别人打成重伤了，还得负刑事责任，这跟你有没有理没有关系，动手就是违法。

这个逻辑同样适用于其他各种软性冲突中。处理冲突时，懂"法"的人远比讲"理"的人要占便宜、要更高明。随着法律的完善，未来是一个越来越讲"法"的社会。

六

高手讲故事：晓之以理，动之以情

那么我们应该讲什么呢？

三个字：讲故事！

为什么讲故事比讲道理管用？

这个世界就是靠各种故事构建的一种大场景。

世界上最大的组织力就是讲故事的能力。

上帝、宗教、民族等各种组织都是"讲故事"的产物，最终实现成百上千人的协作，并可以很好地管理他们。

比如《圣经》是世界上流传年代最长、范围最广、翻译最多的一本书，而且信徒无数，这本书的最大特点就是里面全是故事。

任正非说过这样一段话："《圣经》为什么那么普及，就是靠故事，《圣经》全是小故事，小孩、老人都看得懂，每个人不同感受，所以能够传播开。佛教为什么推广不开，只有方丈搞得懂经文。"

再比如《论语》《孟子》《庄子》这些影响古今中外的书籍，全是各种对话场景，是各种故事的集合，就更不用说《一千零一夜》《伊索寓言》这些故事合集了。

这个世界上最高明的行为莫过于通过故事影响别人。

讲故事之所以威力巨大，因为它最大的特点是似有似无、可收可发，只有思考，没有答案。正因为如此，它往往可以蔑视一切权威，可以阐释一切约定俗成的道理。

我们从小都是听着各式各样的故事长大的，故事是我们了解世界的最好途径。

能够把一个个的琐碎点联系起来，然后再以通俗易懂的故事呈现出来，并有侧重点地表达出最关键的环节，让大家自己去思考结论，这就是讲故事的能力。

故事思维就是一种场景化思维，是未来最重要的思维。因此，讲故事的能力就是未来最重要的能力。

有句话叫：授人以鱼，不如授人以渔。这里的"鱼"就是道理，就是答案；而"渔"就是故事，因为答案只要一呈现，总有不成立的时候，而故事是开放性的，引导听众自己寻找解决方案，能让每个人得到不同的答案，才是最好的答案。

《道德经》开篇就是："道可道，非常道。"意思是，凡是能用语言表达的道理，都不是永恒的道理，都是可以不攻自破的。也就是说，所有的道理，只要你表达出来了，就一定是有漏洞的。

伟大的西方哲学家苏格拉底，从来没有直接告诉过别人半句道理或者知识，他只是不停地和人对话，对话的本质就是构建故事场景，让别人自己去思考。他认为道理并不能灌输给人，每个人都有潜意识，只不过自己还不知道，苏格拉底像一个"助产婆"，帮助别人自主启迪智慧。

跌宕起伏的故事情节更容易影响人们的情绪感官，从而引导人们决策，而且让我们牢牢把握对故事的最终解释权，也就是对客观事实的解释权。

过去，我们在乎的是用户规模、是流量。未来，我们应该把用户具象成无数的场景和故事，丰富存量。

很多人认为讲故事是虚假包装，他们认为需要将真相朴素地呈现给大家。

这个世界最终属于那些最会讲故事的人，故事把冰冷的真相变得柔和浪漫，世人从来不愿意接受真相，真相只有披着故事的外衣，才更容易被人们接受。

其实，我们始终有一种错觉，很多人只不过忠诚于故事所创造出来的幻想，忠诚于自己的情绪，忠诚于自己的欲望。

这是一个非常残酷的事实：很多人面对那些让大家感觉不爽的"现实"时，大家会一直充耳不闻。相反，那些能让大众产生美好幻想的人，却可以轻易地成为大众的拥护者。

这就是为什么很多商家总是喜欢使用狂轰滥炸的广告去讲故事，一些广告语并没有说产品有多好，只不过构建了简单的故事场景，但是却能让消费者不断去买单。

商业的本质就是讲故事，看看我们的身边吧，每天都有各种公司投入金钱在我们耳边讲故事，从广告、包装、促销，到电视、电影等，每天都有各种各样的故事产生……

很多人执着于追求真相，总想把真相道破，然而真相根本无法表达出来。

当我们能通过故事做到境随心转的时候，就彻底悟道了。

第五章

Chapter 5

认识人性

——认识人性的弱点是避开
"认知税"的根本

人性的四大弱点

一

好为人师

大多数人的快乐，并不是因为自己富有、聪明、漂亮而快乐，而是因为自己比身边的人更富有、更聪明、更漂亮，所以才感到快乐。

所以，人性里有一种基本属性——喜欢给自己制造优越感。

我们在各种场合都能看到这种人，他们一张口就把自己摆在优越的位置上，滔滔不绝地讲很多他的了不起之处，然后一边俯视你，一边给你讲大道理。

这就是"好为人师"的人，他们表面上在启发你，其实是在给自己制造优越感。所谓的教育和指导别人，包含了我比你强的自以为是。

这就是人的本性，每个人都需要在他人面前表现自己的了不起，显得比别人强，从而获得自己的虚荣与满足。好为人师往往意在求荣。

他们不懂装懂、反复说教，习惯于将自己的看法、观点强加于人。其实大部分人侃侃而谈，只不过是满足了自己口舌之快而已。

我们每个人的认知都受到各种因素的限制，我们一生所看到、所经历的都是很有限的。

当一个人意识到自己的行为是愚蠢的，但是却设法掩盖的时候，便是傲慢了。在两千多年前，亚圣孟子就说："人之患在好为人师。""好为人师"的结果往往是自取其辱，为了显示自己的聪明，实际上却暴露了自己的愚蠢。

二

补偿心理

人为什么总有痛苦？因为人和人之间一直在互相为难。

那些喜欢刁难别人的人，往往是因为被别人刁难的太多，所以想补偿回来。比如，很多业主对保安态度不好，不给他们留一点儿尊严，于是保安转身就会对那些送外卖的态度不好，甚至故意为难他们……

鲁迅说："勇者愤怒，抽刃向更强者；怯者愤怒，却抽刃向更弱者。"现实生活中，当一个弱者被欺压之后，往往会把怒气撒向更弱者。

在外边受了气的男人，因为没有能力去报复那些让他受气的人，回到家就打骂老婆孩子、踢猫骂狗、东摔西砸，这就是典型的补偿心理！

比如某人忽然挨了领导的一顿骂，回到办公室就会把自己的手下骂一顿，这就是没有气量的表现。

再比如在广告行业里，某个甲方的负责人如果遇到不公平的事，就会使劲地折磨服务自己的乙方，好像看到他们被折磨得死去活来，自己就会好受一些……

当最弱的那个人无可欺负的时候，往往会冒出念头去报复那些最强者，这就是弱者对强者的反噬。

如果我们不善待弱者，总是把怒气撒向他们，把最阴暗的东西留给他们，最终受害的一定是我们自己，不管你的地位有多高。

其实，只有懦夫才享受欺凌弱者的快感。他们不仅不解决问题，反而用情绪转移的方式，试图化解自己身上的缺陷，这是一种无能的表现。

这就是社会上很多人的心态：如果我过得不开心，那么我就想看到别人也不开心；如果我爬不上去，我就拉住别人，让别人也爬不上去。

人生已经很难，我们又为何总要苦苦相逼？

有时放别人一马，就是放自己一马。

三

远慕近妒

大多数人痛苦并不是因为自己平庸、贫穷而痛苦，而是因为身边人比自己条件优越而感到无比痛苦。

所以，人有一种本性——总担心别人比自己活得好。

在生活中我们总会发现更优秀的人，你的层次越高，发现的频率就越高。面对这些人，高认知的人去欣赏、学习，而低认知的人则会嫉妒。

羡慕和嫉妒的区别主要有：

（1）离得远的羡慕，离得近的嫉妒；

（2）比自己强很多的羡慕，比自己强一点儿的嫉妒；

（3）和自己没有利益关系的羡慕，和自己有利益关系的嫉妒。

所以，嫉妒一旦形成，就是认可了自己的无能。

嫉妒心强的人，只能选择不如自己的人做朋友，因为他们的满足感需要建立在别人不如自己的基础上，于是他们生活在一群不如自己的人当中。

而那些善于欣赏和学习的人，则永远都会往上一个层次迈进，因为他们不会因为别人比自己强而痛苦。相反，他们却很享受和这些人在一起的过程，因为这样才能进步，于是他们生活在一群更优秀的人中。

四
自命不凡

有些人的自信并不是因为自己可以做出多么了不起的事，而是认为自己和身边人相比是一个了不起的人。

所以，很多人都会自命不凡。

每个人内心深处，都有一种"以自我为中心"的意识机制，它是与生俱来的，不停地暗示你，自己的一切才是最优秀、最合理的。

但凡接触到外界那些出乎自己意料的事情之后，他们就会感到惊慌错乱，这时自我保护机制就会迅速启动，他们的大脑里就会收集一切线索去证明别人的成功是侥幸的，如果自己要是有同样的客观条件，只会比他们做得更好。

所以，大多数时候，我们宁可自欺欺人，宁可活在自己的世界里，也不愿意承认自己的平凡。

很多人从小就开始自命不凡，长大后却发现自己并没有小时候想的那么伟大，于是就把希望寄托在孩子身上，尽一切努力给孩子创造优良的成长环境，拼命培养孩子，目的只有一个：望子成龙，让孩子成为不凡的人。

这种教育观念下培养出来的孩子，他们长大后急切想要成功，却因为自己的能力不足和各方面条件的制约，最后逼的自己无路可走。

其实，一个人想要从"平凡"变"非凡"，很简单：首先，承认自己的平凡；其次，寻找内心的安静；最后，发现自己的非凡。

但是大多数人都过不了第一关。

以上四点就是人性的四大弱点，也是大多数人无法逾越的四道坎儿。

综上所述，一个人强大的程度，很大程度上要看他战胜人性弱点的程度。那些取得非凡成就的人，往往是逆行的，正所谓"真理往往掌握在少数人手里"。

愿你战胜这四大弱点，从"平凡"走向"非凡"！

常见的人性误区

　　一个人要想立于不败之地，必须对当今社会有深刻的认知。以下这二十个误区能让你看穿社会、看透人性，在职场、社交等场合中帮你重新构建崭新的思维体系。

　　（1）我们总以为，消费者想要的是货真价实的产品。实际上，消费者要的是能把他带入一个故事场景里的产品。虽然这种方式很简单，但消费者还是会不断地买单。

　　（2）我们总以为，观众想要的是有思想的好作品。实际上，大多数观众要的只是一种心理上的自我安慰，需要的是自我陶醉。

　　（3）我们总以为，大众最想要的是各种真相，因此，我们就努力呈现真相。实际上，通过《乌合之众》我们可以了解到，大众追求的并不是什么真相，而是各种情绪和欲望，是盲从、偏执和狂热。那些让大家感觉不爽的"真相"，大家一直不闻不问。相反，那些能给大众带来美好幻想的谎言，却让大众狂热追求。

（4）我们总以为，大众都是成年人，应该理性且成熟。实际上，很多大众的心理还停留在婴儿阶段。他们既不想得到价值，也不想听什么道理，他们只想得到好处。他们就像嗷嗷待哺的孩子，一旦想得到好处了，就会哭闹不休。

（5）我们总以为，在这个信息时代，每个人都能随时随地获取各种信息。实际上，越是在这样一个似乎什么都能看得见的时代，我们越什么都看不见。

（6）我们总以为，遇事讲道理是有用的。实际上，只有当别人也讲道理，当大家都遵守规则的时候，讲道理才是有用的。只有对文明人才能讲道理，面对流氓和小人，你讲不清道理。

（7）我们总以为，一切关系都是逻辑关系或者情理关系。实际上，很多关系都是利益关系。

（8）我们总以为，做人最重要的是靠能力，做事最重要的是靠拼搏。实际上，你和谁结成了利益共同体，才决定了你的发展。因此，你不能只埋头做事，你还需要不断地抬头看势，这就是"识时务者为俊杰"。

（9）我们总以为，规则是用来让人遵守的。实际上，规则是用来被不断打破的，就看你能不能打破。

（10）我们总以为，人的自由度越高，社会就越平等。实际上，当人的综合素养还没到一定的阶段，当人还没普遍地学会自律的时候，绝对的自由只能导致绝对的奴役。人都被各种商业利益操控，人性将被约束。

（11）我们总以为，给孩子创造最好的条件，把自己最好的都留给孩子，就是父母最大的责任，这样心里才能踏实。实际上，世上最大的悲剧是让孩子"蠢而多财"。自古以来，企图给孩子留一笔钱，梦想让孩子也可以富贵逍遥的人，基本上没有实现的。相反，那些留下良好习惯、家风的家族，却可以兴盛延续多代。

（12）我们总以为，给孩子讲各种大道理，就可以让孩子好好读书，热爱学习。实际上，孩子从来不会听你说，他们只会模仿你。因此，大人教育孩子读书的最好办法，就是以身作则。而有一些家长自己从来不读书，时间都花费在酒桌上、牌桌上和各种低级趣味的娱乐上，却指望着孩子的精神趣味在书本上，这太荒谬了。

（13）我们总以为，一个老实人往往是比较靠谱的。实际上，很多老实人都是因为没见过世面或没有机会而老实，他们一旦有了机会，往往立刻就变了样。真正的老实人是经历过风风雨雨后依然守得住自己初心的人，是见过各种世面和诱惑后依然淡定和坦然的人。

（14）我们总以为，那些对我们恭敬的人，都是真正的朋友，是应该善待的客人。实际上，那些喜欢用语言来讨好我们的人，往往口蜜腹剑，内心对我们也许已是百般不满。相反，那些总是对我们直言不讳、让我们感到不爽的人，往往才是成全我们的贵人。"良药苦口利于病，忠言逆耳利于行。"我们每个人都需要一面镜子。

（15）我们总以为，一起合谋做了坏事而没被发现，一切就会万事大吉。实际上，只要有不正当利益，就会有分赃，一旦分赃不均，就会引发仇恨和忌恨，从而导致报复，事情总会有败露的那一天。因此，做一个堂堂正正的人才是最明智的。

（16）我们总以为，谈恋爱就要找个一心一意，并且毫无保留对自己好的人。实际上，这就是悲剧的引子。因为只要有牺牲，就意味着不公，最后总会失衡，甚至拔刀相见。

（17）我们总以为，那些对天发誓的爱情最值得珍惜。实际上，真正会爱别人的人，一定会先爱自己，会经过百般努力让自己成为对方喜欢的模样，而不是打着爱别人的名义去要挟别人来满足自己。爱情的最高境界是两个人通过相互激励和影响，最后都变成了彼此喜欢的模样。

（18）我们总以为，当一个人无缘无故地为自己付出时，是因为自己遇到了一个好人，遇到了对的人，然后接受得心安理得。实际上，在当今社会里，如果一个人总是无条件地对你好，往往会以对你好的名义窥探你拥有的东西。世界上没有无缘无故的忠诚，人和人最健康、最长久的关系，就是互相成全，而不是牺牲一方成全另一方。

（19）我们总以为，要尽最大努力地帮助每一个人。实际上，当你给一个人提供了帮助，远远超过了困境对他的限制，他就会对困境麻木，甚至放弃突破困境的意愿，对你形成依赖，由感激变成理所当然。当你不再施舍的时候，他就会和你反目成仇。因此，帮助一个人的最高境界就是帮他实现自力更生，然后离开。

（20）我们总以为，简简单单地做一个好人就够了。实际上，这个世界对好人的要求真的是非常严苛的。如果你被当成一个好人，你必须做到完美无缺，大家会把所有的道德枷锁套在你身上。哪天你要是有一丝一毫没有做到完美，你所有的努力都会前功尽弃。一个人有多善良，就必须有多高的智商与之相匹配，还要有能力保护自己。

人不成熟的四大特征

一

立即要回报

不成熟的人不懂得只有春天播种，秋天才会收获，他们在做任何事情的时候，刚刚付出一点点，马上就想要得到回报。比如，学钢琴、英语等，刚开始就觉得难，发现不行，立即就要放弃。很多人做生意，开始时没有什么业绩，就想着要放弃，有的人一个月放弃，有的人三个月放弃，有的人半年放弃，有的人一年放弃。放弃成了一种习惯，一种典型的失败者的习惯。所以，你要有眼光，要看得更远一些，眼光是用来看未来的！

对在生活中有放弃习惯的人，有一句话送给你："成功者永不放弃，放弃者永不成功。"那为什么很多人做事容易放弃呢？美国著名成功学大师拿破仑·希尔说过：穷人有两种非常典型的心态：一是，永远对机会说"不"；二是，总想"一夜暴富"。

你把机会放到他的面前，他都会说"不"。你开饭店很成功，你把开饭店的成功经验发自内心地告诉你的亲朋好友，让他们也去开饭店，你能保证他们每个人都会去开饭店吗？是不是照样有人会不干？

所以这是穷人一种非常典型的心态，他会说："你行，我可不行！"

一夜暴富的表现是你跟他说任何的生意，他的第一个问题就是"挣不挣钱"，你说"挣钱"，他马上就问第二个问题"容易不容易"，你说"容易"，他跟着就问第三个问题"快不快"，你说"快"，这时他就说"好，我做"。

大家想一想，在这个世界上有没有一种"又挣钱，又容易，又快"的生意呢？没有的，即使有也轮不到我们。所以，在生活中，我们一定要懂得付出。那为什么你要付出呢？因为你是为了追求你的梦想而付出。人就是为了希望和梦想而活着，如果一个人没有梦想、没有追求的话，那一辈子也就没有什么意义了！

在生活中，你想获得什么，你就得先付出什么。你想获得时间，你就得先付出时间；你想获得金钱，你就得先付出金钱；你想得到爱好，你就得先牺牲爱好；你想和家人有更多的时间在一起，你就先得和家人少在一起。

但是，有一点是明确的：你在这个项目中的付出，将会得到加倍的回报。就像一粒种子，你把它种下去，然后浇水、施肥、锄草、杀虫，最后你的收获就会是丰厚的。

在生活中，一定要懂得付出，不要那么急功近利，马上想得到回报，天下没有免费的午餐，轻轻松松是不可能成功的。

一定要懂得先付出！

二
不自律

不自律的表现主要在哪些方面呢？

1.不愿改变自己

你要改变自己的思考方式和行为模式。其实，人与人之间的能力并没有多大差别，差别在于思考方式的不同。一件事情的发生，你去问成功者和失败者，他们的回答是不一样的，甚至是相反的。

我们今天的不成功是因为我们的思考方式不成功。当你种植一颗思考的种子，你就会有行动的收获；当你把行动种植下去，你会有习惯的收获；当你再把习惯种植下去，你就会有个性的收获；当你再把个性种植下去，就会决定你的命运。

但是如果你种植的是一颗失败的种子，你得到的一定是失败。如果你种植的是一颗成功的种子，那么你可能就会成功。

你要改变自己的坏习惯。很多人都有一些坏习惯，比如：看电视，打麻将，喝酒，泡舞厅。他们也知道这样的习惯不好，但是他们为什么不愿意改变呢？因为很多人宁愿忍受那些不好的生活方式，也不愿意忍受改变带来的痛苦。

2.背后议论别人

如果在生活中，你喜欢议论别人的话，有一天这种情况也一定会发生反转。中国有一句古话：来说是非者，便是是非人。

3.消极，抱怨

你在生活中喜欢哪些人呢？是那些整天愁眉苦脸、抱怨这个抱怨那个的人，还是喜欢那些整天开开心心的人？如果你在生活中是抱怨、消极的人的话，你一定要改变性格中的这些缺陷。因为如果你不改变，将很难适应这个社会，也很难和别人相处合作。

你要知道，你怎样对待生活，生活也会怎样对待你；你怎样对待别人，别人也会怎样对待你。所以，你不要消极、抱怨，而应该积极，永远积极下去。成功者永不抱怨，抱怨者永不成功。

三

经常被情绪所左右

一个人成功与否，取决于五个因素：良好的情绪；健康的身体；良好的人际关系；时间管理；财务管理。

如果你想成功，一定要学会管理好这五个因素。

为什么要把情绪放在第一位，而把健康放在第二位呢？因为即便拥有强壮的身体，如果情绪不好，也会影响到身体。现在，一个人要想成功，20%靠的是智商，80%靠的是情商，所以，要控制好自己的情绪，情绪对人的影响非常大。

在生活中，需要养成什么样的心态呢？要养成"三不"和"三多"：不批评、不抱怨、不指责；多鼓励、多表扬、多赞美。

这样，你就会成为一个受社会大众欢迎的人。如果你想让你的伙伴更加优秀，很简单，永远激励和赞美他们。

如果他们的确有毛病，那应该怎么办呢？这时是不是应该给他们提出建议？在生活中，你会发现这样一种现象：有的人给别人提建议，别人能够接受，但是，有的人给别人提建议，别人就会生气。其实，提建议的方式很最重要，就是"三明治"原则：赞美，建议，再赞美！

想一想，你一天赞美几个人？有的人可能以为赞美就是吹捧，就是拍马屁。赞美和吹捧是有区别的，赞美：是真诚的，是发自内心的，是被大众所接受的，是无私的。

如果你带着很强的目的性去赞美，那就是拍马屁。

当你赞美别人的时候，你要大声地说出来；当你想批评别人的时候，一定要咬住你的舌头！

四
不愿学习，自以为是，没有归零心态

其实，人和动物之间有很多相似之处，人的自我保护意识比动物更强，但是，人和动物最大的区别在于人会学习、人会思考。人是要不断学习的，千万不要把你的天赋潜能给埋没了，一定要学习，一定要有一个"空杯"的心态。

我们向谁去学习呢？直接向成功人士学习！

要永远学习积极正面的东西，不看、不听那些消极的、负面的东西。去看每一个人的优点，"三人行，必有我师焉"！

人的能力结构

时代变化日新月异，人必须与时俱进。未来，一个人要想立于不败之地，最好的方式就是跟着时代一起进步。

现在，每个人最应该思考的问题是如何迭代自己。而迭代自己的本质，其实就是根据时代的变化，调整自己的能力结构。

未来最符合时代的能力结构是什么样的呢？

在之前的社会，我们只要埋头做好自己应该做的事就可以了。比如，老师只须把学生教好，司机只须把车开好，工人只须把活干好，医生只须把病人看好……

我们的能力结构很单一，只须努力掌握本专业的技能，然后把所有的精力都用在打磨我们的专业水平上。你的专业水平直接决定了你的收入和行业地位。

但在互联网时代，这种逻辑被打乱了，各个平台的出现使一部分人利用外部的力量率先实现了崛起。

我们经常讲的一个词是"跨界打劫"，为什么会发生"跨界打劫"呢？就是因为别人虽然在本专业内没你厉害，但他的能力结构比你更先进。他依靠外部力量的注入，将自己的能力结构调整到了战斗力最强的状态。

未来什么样的能力结构才是战斗力最强的呢？

当下还是有很多人用传统的方式去创业，他们总想做老板，但是，今后老板和员工的界限会越来越模糊。未来，人与人最大的区别不是老板和员工的区别，不是资源、经验、能力等方面的区别，而是影响力的区别。

这是个体崛起的时代，即便你想做老板，也应该先做出你自己的业绩和影响力，打造你在行业中的地位，然后以你为中心，组建团队，这才是今后真正的创业逻辑。

那么，如何打造自己的行业地位和影响力呢？

首先，未来我们必须具备两大核心能力：一是演说能力，二是写作能力。"能说"和"会写"就是影响力的两大支撑，未来我们必须做到"能说会写"。

今日头条、微信公众号等平台为我们提供了写作的舞台，抖音、快手、淘宝直播等视频平台为我们提供了演说的舞台。

这两大能力决定了我们可以连接多少人，有多少人可以跟随我们，这就是我们的影响力。

之前没有这些平台，所以我们没有机会或很少有机会表达自己。即便你能说会写，也没有施展的舞台。如今，这些平台诞生了，我们必须与时俱进，提升自己这两方面的能力。

不要说你不擅长写作和演讲。有时候，人的很多能力都是逼出来的，不逼自己一把，你根本就不知道自己究竟有多少潜力。

记住一句话：让自己变强大，是解决一切问题的根本；改变自己的能力结构，就是让自己强大的根本。

无论是"能说"还是"会写"，其本质都是为了表达自己。未来我们越善于表达自己，接纳我们的人就会越多，我们被社会认可的程度就会越高，从而在各种情况下都能做到游刃有余。

看看现在的自媒体大 V、网红，哪个不是因为这两方面的能力出众，而率先实现了个体的崛起？

还有很多人利用这两大能力实现了弯道超车。比如，有的老师开始在线上授课，很快就拥有了许多听众，用户和收入都呈几何级增长。"他山之石，可以攻玉。"很多人的崛起并不是说一定在本领域内有多么出类拔萃，而是他们巧妙地利用了外部的力量。

总之，"能说"和"会写"是一个人打造影响力的两大核心能力，无论你属于哪个领域，或者从事什么性质的职位，都要抽出时间来锻炼自己的这两大能力。

我们必须看到，人的能力结构正在发生深刻的改变。

比如，之前衡量一个人是不是人才，主要看两方面：第一是知识，第二是技能。而现在情况也发生了变化。

首先看知识。

之前，我们总是试图掌握更多的知识，储存在大脑里，供我们随时取用。所以，掌握知识越多的人，适用的场景就越多，因此更受欢迎和推崇。

而现在，随着互联网的发展，我们可以随时随地从网上调取各种知识，而且，各种知识的要素也非常清晰、齐全，全都在我们眼前备好，供我们参考使用。

因此，在未来，一个人能不能掌握更多的知识，已经显得不再那么重要。重要的是什么呢？重要的是一个人的逻辑思维能力是否强大。

再来看技能。

之前，无论是哪个领域的人，必须具备一定的专业技能，很多管理岗位也是技能人员出身。很多人凭借一项技能就可以走遍天下。所谓"技不压身"，一个人掌握的技能越多，生存能力就越强，竞争力就越大。

而现在，很多技能都被高科技取代了，机器人取代了蓝领，人工智能取代了白领。更何况技能迭代的速度越来越快，无论你掌握了什么样的技能，总有一种变革针对你，总有一种创新能取代你。

因此，在未来一个人掌握了多少技能不再那么重要。重要的是一个人的内心是否强大。

未来，人们将会从技能的事务中解放出来，人的时间和精力将更多地投入操控和管理上，管理机器、管理系统、管理数据等。

这时，一个人的心态，更容易决定他的成果。在未来，一颗强大的内心远比各种强大的技能更重要。

未来，人的这四种能力很重要：从内部组成上来讲，逻辑和心态这两种能力很重要；从外部表现上来讲，能说和会写这两种能力很重要。

时代真的不一样了，我们千万不要一味地沉浸在自己的领域中"不可自拔"，有时抬头看天比埋头苦干重要得多。

人的三个层次

人的三个层次

人并没有等级之分，但有层次之分，我把人分为三个层次。

一
第一层次的人关注八卦是非

在一个公司、单位或者其他各种集体里，这种人的占比很高。他们不擅长解决问题，就是喜欢打听和闲聊别人的八卦和是非，并以此为乐。

他们的妒忌心很强，总是生怕别人比自己生活得更好，他们八卦别人的本质，其实就是总想看到别人的笑话。因此，他们非常喜欢凭借自己的臆想给别人戴帽子。

他们不喜欢学习，也不思考如何才能解决问题和创造价值。他们就是喜欢非议别人，捕风捉影，搬弄是非。

　　他们脆弱而敏感，越是百无一用，越容易产生补偿心理，越在乎自己的自尊和面子，越需要认同感。因此，他们总是在寻找同类，周围的同类越多，他们的胆子就越大，就会越肆无忌惮。

　　他们不追求真相，他们只想看到能满足自己情绪化的东西。他们之间交叉的永远都是各种"是非八卦""伦理道德"，充满各种人身攻击和妒忌、算计，甚至谩骂。

二
第二层次的人专注解决问题

　　这个层次的人往往有自己的兴趣和爱好，有自己清晰的定位，是某一个领域的资深专家、学者，或者是两耳不闻窗外事的学术派人物。

　　他们已经具备了解决实际问题的能力，所以，他们在潜意识里开始远离各种是非八卦，把精力放在如何更好地解决问题上。

　　他们喜欢讲理，第一层次的人的最大特点是"对人不对事"，而第二层次的人的最大特点是"对事不对人"。

　　他们一般不会参与第一层次的人的话题，不会和他们争吵，因为他们专注问题本身。他们的一切行为都在围绕解决实际的问题。

　　他们不沉溺世俗，也不擅长深邃的思考。他们只喜欢就事论事，埋头做自己的事。他们往往踏实而努力，他们存在的价值就是解决实际问题。

他们在社会中往往属于中产阶层，有恒产者才有恒心。所以，他们有一定的责任心和操守，不会轻易被左右。

三
第三层次的人拼格局

社会最需要的就是这群有大格局的人，也称谋局者。

所谓"世上本无事，庸人自扰之"，他们早已远离是非对错，也不会被具体的问题所牵绊。

他们擅长跳出圈层看事情，喜欢总结归纳，总能发现事物的本质和规律，然后提纲挈领。因此，与做事相比，他们更关注布局。

他们喜欢洞察人性，懂得如何将一个人的长处充分发挥出来，同时，让一个人的短处无处发挥。因此，与是非对错相比，他们更关注人性。

人到了这个层次，拼的就是格局。一个人的格局有多大，成就就有多大。

这就是人的三个层次，三种人构成了大千世界。

所谓"知人者智，自知者明"，我们不仅要看清别人，还要看懂自己，看清自己的局限。

提升自己的格局，才是人生逆袭的最好途径。

内心强大的特征

内心真正强大的人，不仅有一颗温柔的心，有一颗智慧的头脑，更有一副祥和的外表。

他们一定经历过狂风暴雨，见识过高山低谷，也体验过人生百态，才有了现在的淡定和从容。

纵观当今社会，内心弱小的人（自卑者）普遍易怒如虎，他们冲动又莽撞，动不动就愤世嫉俗；而内心强大的人（自信者）通常平静如水，他们永远都是宁静的。

内心弱小的人，人生处处都是大风浪。因为无论多么小的事，都会被他们无限放大。他们无论到了哪里，无论和谁在一起，都会缺乏安全感。

内心弱小的人，总是特别在意周围人的看法，总是活在他人的眼耳口舌之中，从而失去独立性。他们总是坐立不安，惶惶不可终日。

内心弱小的人，可能上一秒还喜笑颜开，下一秒就会因受到某种微小细节的影响，而变得偏执暴躁。这时的他们比穷凶极恶的歹徒更具有破坏性。

内心强大的人，人生永远都是风和日丽，因为无论多大的事，他们都能接得住。

内心强大的人，明白在一个天平上，你得到的越多，也必然比别人承受的越多。哪怕人生看似回到一个低点，但往往都是通往更高峰的出发点。

内心强大的人，从不会因为身处何地，或者和谁在一起而产生安全感和幸福感，因为他们的内心丝毫不受外界的影响。他们往往具备以下特点：

（1）尽人事后听天命。内心强大的人往往会做好自己该做的一切，然后等候天命的到来；而有些人却冒险去妄求利益，这只能叫赌博。

（2）遵天命后待时运。内心强大的人，之所以能够耐得住性子，源于他们对全局的掌控。他们深信只要时机一到，必定会出现转机。

（3）悟时运后淡心境。内心强大的人，从不会炫耀自己的成功，而是善于分享成功后的心境，从而启发更多的人。

（4）高度自律但又能随时自嘲。人的自律往往源于自强，人的自嘲往往源于自信。

（5）保持敏感但并不刻意执着。

（6）可以理解但并不随便认同。

（7）谨小慎微但又能无拘无束。

（8）低调沉稳但又能幽默风趣。

（9）坚守原则但又能勇于创新。

（10）不需要阿谀外界来获得存在感，不需要贬低外界来获得优越感，不依靠世界的寂静来获得安全感。

（11）目光柔软但内心潜藏锋芒。

（12）擅长记忆但又擅长忘记。

（13）博览群书但又虚怀若谷。

（14）拥有过最昂贵的，也承受得住最差的；得到了不狂喜，失去了不狂悲。

（15）阳光下像个孩子，风雨里像个大人；知世故而不世故，会讲究也能将就。

（16）把失败当寻常，把成功当恩赐；遇到再多的不公平，也不会逢人就抱怨。

（17）取得再大的成就，也不会沾沾自喜；对过往一切情深义重，但从不回头。

（18）与憧憬未来相比，更珍惜当下的拥有；与标榜自己的努力相比，更习惯性地自律。

（19）看透了这个世界有多糟糕之后，依然憧憬这个世界的美好；认清了生活的本质之后，依然对生活充满热爱。

（20）经历过情感伤痛之后，依然相信爱情；经历过朋友背叛之后，依然相信友情。

认知资本是未来最大的资本

财富会流向最匹配它的人，就是那些认知水平高的人。未来你拥有多少"认知资本"就决定了你拥有多少财富。当一个人的认知和财富不匹配的时候，社会就会用很多种方法让他以"认知税"的方式交出。因此，未来最好的投资就是对自己认知的投资。

第六章

Chapter 6

对未来
个体的认知

——人人都是价值主体

人力资源崛起

一

地球文明进化简史

在约6亿年前，地球经历了史上最严峻的冰河时期，当时整个地球都被冰层所覆盖，一片冷清。后来，地球的气温逐渐升高，冰层慢慢开始融化……

大约在5.3亿年前，地球迎来了"寒武纪生命大爆发"。这是地球最神圣的一刻：在短时间内，地球上的物种呈爆炸式增加，生物不再缓慢渐变，而是以跳跃的方式突变。之后，地球开始出现了昆虫、两栖类动物，到了侏罗纪时代，恐龙成为地球的统治者。

大概在1.8万年之前，地球又经历了一次冰河时期，当时全球约有三分之一的陆地覆盖在240米厚的冰层之下。

然而，这次冰河时期结束之后，又诞生了新的文明——人类文明。一群原始人拿着石头开始和自然搏斗，人类从此逐渐成为地球的统治者。

由此可以总结出三个规律：一是，冰河期往往是下一个文明的开端；二是，万物凋零之后，必然是万物生长；三是，能生存下来的不是最强的，而是最能适应环境变化的。

以上三个规律同样适用于当下的个人、企业和国家。无论是个人还是企业，都是地球文明的一分子，是一种文明形式，而新文明形式必然会取代旧文明形式。

人类社会有一个基本规律：每隔一段时间，就会有一种东西出现，打破原有的平衡，形成新的平衡（物理学上称之为"熵增定律"）。这也是人类不断革新自己、走向升级的过程。

一切偶然的背后都是必然！这是社会系统的自我进化过程，而每一次事件的发生都会加速这个过程。

二

三大行业发展规律

行业盛衰周期是20年左右。

我们以房地产、互联网和制造业这三大行业为例做一个探讨。

中国房地产的真正起点是1998年的住房改革，从此之后房企进入快速发展的时代，模式是不断地"拿地建房"，这是大建设的时代，等同于搞基建。

2020年各方都明显感觉到这种模式已经走到尽头，房企开始进入"盘活存量"和"生活服务"的时代。

房地产从1998年到2020年，基本经历了一个完整的大周期。

中国互联网行业也是以1998年为起点，当时四大门户网站成立，互联网进入高速发展的时期，随后又孕育了阿里巴巴、百度、京东，这些是大流量的时代的产物，流量主导了一切。

2019年，大家都明显感觉到流量时代已经过去了，因为流量越来越贵，凡是能拉到线上的都已经被拉过来了。

互联网从1998年到2019年，也经历了一个完整的大周期，流量主导一切的时代已经告一段落。

中国制造业驶入快速发展轨道是从2001年中国正式加入世界贸易组织开始的，世界市场被打开，中国各地的工厂开足马力，日夜不停地奋战，用相对廉价的中国制造快速抢占了世界市场。

2020年一场疫情的发生让全球经济陷入了停滞，市场迅速萎缩，这对中国的很多工厂产生了非常大的影响，由此我们意识到不能再依赖国际市场的拉动，中国制造业升级势在必行！

综合分析来看，无论是房地产、互联网还是制造业，其上半场的发展特点，可以用四个字来概括，那就是"跑马圈地"。

三
"跑马圈地"

高速发展的国家，都会经历一个资本原始积累的过程。这个过程就像跑马圈地。一旦生产力得到解放，就加足马力向前冲，谁的马力大谁抢的地盘就多。跑马圈地主要有两大红利：第一大红利——人口红利，针对的是制造业和房地产业；第二大红利——流量红利，针对的是互联网行业。

这两大红利让中国完成了三大基建任务：一是，实体的基建，主要靠房地产；二是，网络的基建，主要靠互联网；三是，产品的丰富，主要靠制造业。

三大基建任务的完成，让中国完成了资本的原始积累，但是我们不能一直停留在这种状态，中国接下来该怎么走？

四
又一种资本在崛起！

企业千方百计获取客户的时代已经过去了，未来必须拥有一种深度服务客户的能力。

这就是我经常说的商业重心转移的问题。之前的商业重心是"产品"，是"流量"，未来的商业重心则是"人"。

今后最贵的其实是"人","人口"红利过去了,"人心"红利到来了。"以人为本"四个字我们谈了那么多年,现在才真正地实现。

我们之前是不断地吸引客户(人),花钱买客户(人),而今后我们必须拥有一种留住客户(人)的能力。

未来是人跟着人走,而不是跟着产品走,未来谁能聚人,谁才能掌握商业主动权。

大家一定要记住这两个趋势:一是,产品越来越便宜,人却越来越贵;二是,资源越来越共享,人才却越来越稀缺。

今后,商业竞争会越来越充分,当竞争绝对充分的时候,一切商品的利润都会无限接近于0,而人的价值会越来越大,人力资本也会快速崛起!

而今社会人力资本正在超越土地资本、技术资本、设备资本等,成为第一生产力,当人才成为一个企业最关键的环节后,它的稀缺性将推动人才的身价上涨,于是一部分利润也将从资本方转移到人才方。

未来商业最大的趋势是让所有用户一起来分钱的制度,大家各尽其才,按自己的贡献分钱,这就是用户至上主义。

用户在平台中做的每一份贡献,都会得到平台不同程度的奖励。这种奖励不再局限于小恩小惠,一定会发展为长期的激励,比如期权、股权等。

今后公司的边界都将被打开,成百上千的员工和上亿的用户都将参与进来，共同分享利润、参与决策。

在资本主义时代，是资本剥削用户，把"用户"当"人头"（流量）看。而现在的公司必须做到用户利益最大化，与之前的逻辑完全颠倒，这就是物极必反的道理。

资本的力量正在被严重削弱，人的价值被进一步放大了！

资本开始瓦解，人才开始崛起。

回顾人类有史以来的几个阶段，从原始社会到奴隶社会，再到封建社会，直到今天西方的资本主义社会，没有一个制度能永久地存在下去，每当人类文明向前迈进到一定程度，一定会出现崭新的制度，取代之前的旧制度，这是历史的铁律。

五
"人类命运共同体"

每一种新制度的诞生，都是因为新工具的发明，就好比没有铁器，就没有封建社会的诞生；没有蒸汽机，就没有资本主义的诞生。

如果没有互联网和区块链，就不会有"用户主义"，因为每个用户创造的价值不能被精准记录并且随时变现。

社会的结构将从"公司+员工"向"平台+用户"转变，未来每一个用户都可以利用平台创造自己的价值，区块链建立的分布式记账本，可以把上亿用户的价值全部记下来。

因此，人类正在形成一个个崭新的命运共同体，这些命运共同体中的个体，既能保持一定的独立性，又可以随时快速地被聚合起来。

每一个命运共同体都是一个价值体系，每一个用户既是消费者也是生产者，大家各尽其才，各取所需。

这些命运共同体组合起来，就是一个大的人类命运共同体。这就是对"人类命运共同体"的深刻洞解。

为什么说疫情之后是普通人改变命运的绝佳机会？

因为自资本主义崛起以来，人才的重要性和决定性从没像今天这样凸显！

过去是资本家（股东）掌控一切生产资料，员工也好，用户也好，都只能是资本的附庸，毫无话语权，而现在"人"（包括用户、消费者）成了一切的核心，一切都在围绕"人"去转。

之前是资本决定一切，现在是人决定一切。说明这个世界不只是由钱说了算，而是由价值说了算。谁能创造价值，谁就拥有话语权。

六
普通人该如何逆袭？

请大家记住，与其会赚钱不如让自己更值钱，请围绕以下三个方向努力：

（1）与其拿回报，不如要股权。

选择你看好的客户，进行深度服务，少拿点儿现金收益，多拿长期收益，比如股权。

（2）与其依赖公司，不如依赖个人实力和影响力。

千万不要过于依赖平台，而是要借助平台的力量打造你的个人品牌。

（3）与其给别人做服务，不如做原创作品。

只有原创作品才能形成你的个人品牌，才能打造你的个人IP（知识产权）。

所谓IP，就是影响力标签。那么如何打造自己的IP呢？

这一点很重要，真正能引领大众思潮并被大家铭记的是那些能触及别人灵魂的人。有句话说得好，触及灵魂比触及利益还难，说的就是这个道理，这需要你有强大的思想武器。

未来最好的投资是自我投资，对自己认知、格局的投资。

未来一定是价值创造者的时代，只要你能创造价值，就能立于不败之地。

未来个体财富趋势

一

未来能纳入个人名下的财产会越来越少

想想现在的共享经济，以及国家不断倡导的租赁住房、公租房等政策。未来越来越多的基础设施将公共化，资源将共享化。

这诠释了一个全新的世界发展动向：未来的资产，有形的和无形的，被私人占有的会越来越少。

在计划经济时代，所有的东西都是共有的，我们都只有使用权。此时，人与人的关系是共同劳动关系，属于同一个集体，因为牵扯不到利益关系，所以人与人之间互相信任。

而市场经济发展起来之后，出现了私有制和个人所有制，以"占有"物品为最终目的，很多东西的"占有权"被明确到个人。

于是，人与人的关系由共同劳动变成了直接竞争，出现了争夺和贫富分化，资源开始变得不均衡，贫富差距、城乡差距等给社会画了一道道巨大的鸿沟。

我相信不久之后，公寓、商铺等这些也会限购。未来，一件物品的所有权和使用权是分离的，我们只有使用权，不再有所有权。

未来，我们的交易更多的是交易一件物品的使用权，而不是所有权。

未来，共享经济平台会越来越多，各种App能通过时间、地点、技能的匹配将物品的使用权分配到最需要它的地方，将资源利用率最大化，将多余资源转化成为生产力。

二
未来一个人的信用将越来越值钱

既然个人名下的资产将越来越少，那么信用才是一个人最好的金融工具和杠杆。

有一个非常有意思的现象：我最近不断收到各个银行发来的短信，告诉我可以有多少贷款额度，显然银行已经开始掌握个人的信用信息，结合个人信用进行赋能。再比如，现在各种互联网金融平台都是根据一个人的信用度来确定一个人贷款的额度，芝麻信用成了重要的参考值，随着大数据的建立，金融机构将越来越看重一个人的信用，而不是一个人的固定资产。

尤其是区块链的发展，将更加确立一个人的信用价值。未来，我们的每一个行为都会被记录存档，任何机构都无法更改。这就倒逼着我们时刻检点自己的行为。

真是举头三尺有神明。我们终于发现，让人找回信仰的不是道德，不是利益，而是真正公平的规则。

三
未来每一个人都是一个独立的经济体

以往，我们为了谋生，要进入某个公司，然后被"集中指挥"去劳动，这时工作只不过是一种谋生的手段。

而未来，社会上的自由职业者将会越来越多。各种平台越来越多，它们在大数据、云计算的配合下，努力实现"多个服务个体"和"多种个性化需求"的对接，这就使那些在技能、资源、服务上拥有一技之长的人，能够通过各种平台寻找到与之相配的工作，根据自己的兴趣所在制定目标。

这样就可以精确、高效地将每个人的潜能激发并对接起来，构建更加精细的供需系统。未来社会的基本单位不再是公司，而是个体。

每个人都是一个独立的IP，既可以独立完成某项任务，也可以依靠协作和组织去执行系统性的工程。

四
未来一个人创造的价值将越来越明晰化

首先是更公平和平等。

以往，在传统的互联网格局之下，中心权力者往往限制个人的权利，而在区块链成熟的社会里，中心结点再也没有任何办法干扰每一个个体的价值。

其次是精准地记录与分配。

以往，每一个人作为价值创造者，需要由公司或平台去分配自己的价值，比如奖金、提成、年终奖等。而未来，每个人创造的价值都能被精准地记录，并即时兑现，而且非常透明，这样人与人之间、人与公司或平台之间发生冲突的情况会越来越少。

个体未来必备的四大能力

一
你必须要学会面对孤独

新冠肺炎疫情让人们养成了戴口罩的习惯，未来，人和人的距离进一步扩大，这个时代我们已经很孤独，但是未来会更加孤独。

这次新冠肺炎疫情之后，我们在线上和线下的距离又被拉大了。线上越来越开放，线下却越来越封闭，我们在这两个极端中穿梭。人的精神需要接受各种考验。抑郁、焦虑、躁动等情绪将充斥我们的生活。

这个世界既矛盾，也平衡：物质越丰富，人的智商就会越蜕化；科技越发达，人的精神就会越空虚；营养越丰富，人的生理功能就会越衰弱。

未来，社会的节奏会越来越快，各种变化的周期会不断缩短，各种不可预料的事情会越来越多，我们的精神将长期处于紧张和不安的状态中。

人类未来的最大挑战，根本就不是人工智能，也不是经济危机，更不是癌症，而是人类自己的精神问题。

经历这次新冠肺炎疫情，我们终于发现一个道理：在未来，有一颗强大的内心，远比拥有其他技能重要得多。

之前衡量一个人是不是人才，第一是看他掌握多少知识，第二是看他掌握多少技能。而现在情况完全变了。

知识和技能变得越来越容易落后，无论你掌握了什么样的技能，总有一种变革针对你，总有一种创新能取代你。

未来，我们一定要有足够强大、健康的内心，那些内心脆弱的人，要么轻而易举地被淘汰，要么会出现精神方面的各种问题。

二

你必须成为一个价值主体

一个社会的经济越发达，人的独立性就越强，未来每个人都是一个独立的经济体。

那些有一技之长的人都会借助各种平台而成为独立的经济体。之前我们的特长只是业余爱好，未来我们的特长才是我们生存的立足点！

其实，世界上最需要迭代的不是产品，而是人。未来是自由度越来越高的时代，当束缚我们的框架越来越少时，每个人都会越来越接近我们最想成为的样子。你必须早日成为一个价值的主体。

人的价值就像投资品的价值一样，是存在均值回归的。那个均值，就是你的冲动、你的热爱、你的理想！

中国经济的上一波红利是"人口红利"，下一波红利是"人心红利"，将每个人内心深处的热爱和兴趣激发出来。

一个作品（产品）从0到99%那部分可以靠钱完成。但是，从99%到99.9%，乃至到99.99%的那部分，只取决于一个人的热爱和心态。决定我们每个人归宿的，一定是我们的能力和欲望综合而成的那个自己。

在未来的社会，靠谱比聪明重要，热爱比努力重要，匠心比拼搏重要。

这已经不是那个只需要死读书，只要听从指挥就可以过好日子的时代了。这个时代鼓励我们自主独立思考，鼓励我们有自己的想法，鼓励我们和别人不一样。

这就是这个时代的美好之处，它鼓励每个人找到自己的优点和长处。从现在开始，一定要倾听内心的声音，一定要走出平庸的轮回。

三
你必须拥有独立思考的能力

未来，社会的变化会越来越快，我们发现，越是在这样的时代，一个人独立思考的能力就越重要。

不盲目从众，不相信谣言，不随大流，保持清醒，客观理性地看待各种事情，看起来容易，能做到的人却寥寥无几。

从表面上看，如今信息传播高度发达，每个人都能随时随地获取各种信息。而实际上，越是在这样一个似乎什么都能看见的时代，我们越是什么都看不见。

在信息的洪流中，人们看到的都是各种假象和妄想，看到的都是各种情绪，而不是真相。

四
你必须要抢占"认知高地"

正是因为越来越多的人丧失了独立思考的能力，所以"认知资本"才是未来社会最大的资本。

未来一切的竞争，其实都是抢占"认知高地"的竞争。

只有抢占了"认知高地"，才能在社会的大变革中抓住机遇，才能实现阶层跃迁，改变自己的人生。

个体成功公式：杠杆效应＋飞轮效应

世界上有这样一种人，无论身在何时何地，都可以取得成就。

因为他们掌握了成功的"道"。

所谓"一阴一阳之谓道"。凡事只要抓住了这两大核心矛盾，使其既对立又统一，就可以掌控全局。

成功，就是由"一快"加"一慢"两大要点组成的"道"：一快，指的是杠杆效应；一慢，指的是飞轮效应。

世界上成功的人生大都是这两大效应的叠加！

有的人，只学会了杠杆效应，成了人生赌徒；有的人，只学会了飞轮效应，就像蜗牛爬行；只有极少数人能将这两种效应完美地组合起来。今天我就来系统地说说，如何巧妙地利用好这两大效应。

一

杠杆效应，借力撬动财富

随着大数据、人工智能时代的到来，个体将越来越被动，越来越渺小。因此，我们无论做什么，都必须借助这股势能，这就是学会借力。

阿基米德说："给我一个支点，我能撬动地球。"这就是杠杆效应。

杠杆效应就是借力。大家切记，在这个高速发展的时代里，一个人要想成功，"借力"比"努力"要重要得多！

为什么有些人很勤奋却依然是穷人？因为他只靠卖力去赚钱。

那富人是靠什么富起来的？又为什么越来越富？就是靠杠杆效应。在他们的世界里，世上没什么东西是不能"借"的。

综观商业发展史，许多商贾巨富都是白手起家。这些身无分文的人到底是怎样发展起来的？你只要去看看他们的传记就知道，他们大部分就是靠玩"空手道"起家的。

"空手道"是商业的最高境界，它属于社会科学类，包括零资本创业、白手打天下、以小博大、四两拨千斤等。他们善于通过独特的创意、精心的策划、完美的实施，巧借时代、趋势及外在的人力、物力、财力去完成自己的原始积累。

　　能不能顺应时代、擅长借力，是一个人能不能实现跃迁式崛起的关键。

　　要知道，任何一个行业都值得你花5年时间入门、10年时间摸索。而最聪明的办法，就是站在巨人的肩膀上登高望远，踏着成功者的脚步走，用最短的时间学习顶尖高手的成功经验。

　　举个例子。我们经常会看到这样的招聘广告：百万年薪聘老总。有些企业是真聘，他们是真的需要聘请一位老总；但是有的企业可能是假聘，他们想通过这样的方式来造势、来扩大影响，更重要的是想吸纳社会上一些人才的智慧。

　　然而，来应聘的却有成百上千人。这些人为了得到一个高薪职位，他们会怎么做？他们都会尽自己最大的努力来回答企业给出的考题。比如：如果你是老总，你将怎么做；请你写出关于某问题的方案、请你谈谈关于某方面的设想等。这样一来，毫无疑问，企业就能够从中得到很多有用的、有价值的东西，就能够获得社会上很多高智商人才的智慧。

　　当你启动一项事业的时候，如果你对此领域不熟悉、不专业、不在行，也没有技术方面的能力，这时候，你千万不要自己去钻研、去摸索、去犯傻，你一定要借用别人的力量、脑袋来所用，这是最聪明的办法，也是最省时省力的办法。

　　借力就是要大胆使用别人已经取得的成果。牛顿说过一句话："我之所以能成功，是因为站在巨人的肩上！"像牛顿这么伟大的人物，都善于利用前人的成果，更何况我们这些普通人。

你拥有多少资源并不重要，重要的是你能借助多少资源。借力的最高境界是"一切皆不为我所有，一切皆为我所用"。

借别人的智慧为我所用，就是如果有什么事你不懂，你就去找这个领域最牛的人聊天。因为向人学习的速度，远超过向书本学习的速度。

再比如，你可以把记忆能力外包给搜索引擎，把协作外包给网络，把体力外包给机器。如果有一天机器人比人还好使，你可以借助机器人来做大量的工作。

你会有一些技能减弱，而有一些技能则需要百倍增强——大脑不该用来记忆，而是要用来观察、思考、创造和影响他人。

犹太人的思维习惯就是找准施力点，使用微小的力撬动比自己大几倍甚至几十倍的东西，所以犹太人能不断地在金融界创造辉煌。

随着科技的进步，未来所有的信息（包括知识）都会摆在我们面前，因此，一个人能不能记住很多知识点已经不再那么重要了，重要的是你能不能把这些现成的知识点整合起来，找出其中的逻辑或者组建新的系统。

今后最关键的能力，是从大量信息里抓取趋势的洞察能力，是发现趋势后快速跟进的借势能力。

你聪明，我会用你的聪明，那我就比你更聪明。聪明的人善于将别人的力量凝聚起来，变为己用。

人性是趋利的，但互联网思维告诉我们，在当下这个时代创业做生意，赚大钱的本质就是分享和借力。

"与其待时，不如乘势。"通过借力分享才能达到多赢的局面，而且是倍增的多赢，这就是互联网思维的精髓。

二
飞轮效应，找到人生的锚

与杠杆效应对应的是飞轮效应。

什么是飞轮效应？

骑过自行车的人都知道，启动时的那几圈是最费劲的，跑起来之后，只需要很小的动力自行车就可以一直往前走。

为了让静止的轮子转起来，刚开始需要付出很大的努力，当飞轮转动起来达到临界点之后，就会越转越快，踩起来会越来越省力。

这看起来是和杠杆效应对立的思维，因为它要求越聪明的人越需要下笨功夫。

飞轮效应就是要求我们脚踏实地地积小功成大功，不投机取巧，不求一战定乾坤，但求打一仗就胜一仗，走一步就对一步。

有句话叫"善弈者通盘无妙手"，就是说，那些真正会下棋的人，往往通盘棋下来，并没有什么神奇的一招制胜之处，反而是招招稳扎稳打，步步为赢，这样的人通常才是最后的赢家。

因此，真正的高手往往会坚持做那些看似很笨却又很稳的事，抓住细小的优势，积小胜为大胜，让每一个小胜都成为通向大胜的铺地砖。

我们上面所说的杠杆效应，其实"时间"才是最大的杠杆，只要选对了方向，就用时间去做杠杆；只要找到微弱的优势，就不断地循环和叠加。如果说成功有规律可遵循，那么这就是那个规律。

因此，飞轮效应和杠杆效应既对立又统一，非常符合辩证唯物主义主义哲学。

我们在生活中经常会遇到一些"聪明人"，他们似乎总能发现一些小窍门，总能绕过各种规则轻而易举地获得一些小成就，也因此他们往往更善于各种算计，这其实就是我们常说的小聪明，喜欢耍小聪明的人往往很难有大成就。

曾经有个很火的帖子："有哪些微不足道的小事坚持三年以上，能够带来巨大改变？"

有人说："跑步7年，身体由内而外轻盈，皮肤状态极佳，整个人精神状态很好，每天还比别人多出来一段时间思考人生。"

有人说："入职4年，坚持每天下班前写工作日记，做工作反思，从月薪4000已经涨到年薪20万。"

《基督山伯爵》里有一句话——对付一切罪恶，只有两帖药：时间和沉默。这两样加上持续的努力，也许成功就不再遥远。

对应管理法则，循序渐进，成功必会来临，这也是飞轮效应传递出的普世价值。

这个世界上最可怕的事并不是比你聪明的人比你更努力，而是比你聪明的人竟然都在偷偷地下着"笨功夫"。

道理很简单，但是在现实应用中通常会有几类情况导致轮子转不起来：

一是迷失。

俗话说，"条条大路通罗马"。在一个满大街都是机会的时代，大多数人根本没有耐心找到自己适合的轮子，于是这个推两下，那个也推两下，最终迷失于选择困境，在选择与尝试中浪费了过多的精力和时间。究其本质，是他们不能深刻地认识自己，因此不知道要推哪个轮子。

二是放弃。

在刚刚起步的时候，努力和收益之间会出现一个严重的不对称，不对称到让人绝望。虽然努力很大，但收益却微乎其微，还持续了很长一段时间，这个时候，你会如何抉择？

开始转动轮子的过程是非常孤独的。这时身边人往往觉得你在浪费生命、做无用功，你只有耐得住寂寞继续推它……

终于有一天感觉这个轮子有了一点点惯性和动能了，你得继续加油，100 圈，200 圈，突然在某个时候，越过了那个临界点，轮子轻快地旋转了起来。

真正的牛人都有自己的飞轮。比如，在资本市场中，很多人都期待能一下就猛捞一笔，而巴菲特的投资原则却显得平平无奇：每年领先道指 10%，集小胜为大胜。

巴菲特从未在某一年取得惊人的收益，但是巴菲特几乎很少有亏损，他投资的稳健性使他的年化收益率能够达到 20% 以上，而且保持了 50 多年。

在资本市场，能短期跑赢巴菲特收益率的投资者大有人在，然而像巴菲特那样能够连续 50 多年保持复利增长的寥寥无几，这才是巴菲特成功的秘诀所在。

"永远都不要忽视你的飞轮。每一圈你都需要创新和固守，就像第一次推动飞轮时那样充满热情，永不停歇，永葆动力。"

还是那句话：选对了方向，找到了优势之后，就用"时间"做杠杆，唯有时间可以创造奇迹。

三

"杠杆 + 飞轮"模型

人生的本质就是一种平衡，一边是杠杆，另一边是飞轮，缺一不可。如果你想要利用好这两个效应达到复利，需要明白以下三个要点：

（1）找到不同的杠杆（杠杆不是唯一的，随时随地会变）；

（2）确定自己的人生飞轮（飞轮往往是唯一的、固定的）；

（3）发力准确（偶尔使用巧力，大部分时间下笨功夫）。

这其实是一个有效的努力模型，"原因"增强"结果"，反过来"结果"也能增强"原因"，从而形成闭环，环环相扣，逐渐增强。

普通的人改变结果，优秀的人改变原因，卓越的人改变模型。

弄懂这个模型之后，你会发现世界上根本没有什么好运，成功都是有"道"可循的。

未来个体如何掌控财富

　　未来财富会流向有价值的人，未来掌控财富的人一定是具有大智慧的人。

　　世界上只有少数人能达到智慧境界，他们有以下16个共同特征：

　　（1）他们的判断力超乎常人，对事情观察得很透彻，只根据现在所发生的一些事，常常就能够正确地预测将来的事情会如何演变。

　　（2）他们能够接纳自己、接纳别人，也能接受所处的环境。无论是在顺境还是逆境之中，他们都能安之若命，处之泰然。虽然他们不见得喜欢现状，但他们会先接受这个不完美的现实（不会抱怨为何只有半杯水），然后负起责任改善现状。

　　（3）他们单纯、自然而无伪。他们对名利没有强烈的需求，因而不会戴上面具，企图讨好别人。有一句话说："伟大的人永远是单纯的。"我相信，伟人的脑子里装满智慧，但常保一颗单纯善良的心。

（4）他们对人生怀有使命感，因而常把精力用来解决与众人有关的问题。他们也不以自我为中心，不会只顾做自己的事。

（5）他们享受独居的喜悦，也能享受群居的快乐。他们喜欢有独处的时间来面对自己、充实自己。

（6）他们不依靠别人来满足自己安全感的需要。他们像是个满溢的福杯，喜乐有余，常常愿意与人分享自己，却不太需要向别人收取什么。

（7）他们懂得欣赏简单的事物，能从一粒细沙想到天堂，他们像天真好奇的小孩一般，能不断地从最平常的生活经验中找到新的乐趣，从平凡之中领略人生的美。

（8）他们当中有许多人曾经历过"天人合一"的生命体验。

（9）虽然看到人类有很多丑陋的劣根性，他们却仍满怀悲天悯人之心，报之以爱，能从丑陋之中看到别人善良可爱的一面。

（10）他们的朋友或许不是很多，然而所建立的关系，却比常人要深入。他们可能和许多人保持君子之交谈如水，素未谋面，却彼此心仪，灵犀相通。

（11）他们比较民主，懂得尊重不同阶层、不同种族、不同背景的人，以平等和爱心相待。

（12）他们有智慧能明辨是非，不会像一般人用绝对二分法来分析判断。

（13）他们说话含有哲理，也常有诙而不谑的幽默。

（14）他们心思单纯，像天真的小孩，极具创造性。他们真情流露，欢乐时高歌，悲伤时落泪。他们与那些情感麻木、喜好"权术""控制""喜怒不形于色"的人截然不同。

（15）他们的衣着、生活习惯、为人处世的态度，看起来比较传统、保守。然而，他们的心态开明，在必要时能超越文化与传统的束缚。

（16）他们也会犯一些天真的错误。当他们对真善美执着起来时，会对其他琐事心不在焉。例如，爱迪生有一次做研究太过专心，竟然忘了自己是否吃过饭，朋友戏弄他，说他吃过了。他竟信以为真，拍拍肚皮，满足地回到实验室继续工作。

世上大概只有少数的人，最后能成长到上述这种"不惑""知天命""耳顺""随心所欲而不逾距"、圆融逍遥、充满智慧的人生境界。

第七章

Chapter 7

对未来商业的
认知

——生意终将死亡，
唯有文化生生不息

中国经济结构
从"资本"到"运营"的升级

1979—2020 年，是中国经济的上半场；以 2021 年为起点，中国经济将开辟下半场。

就像打球比赛一样，下半场的打法和上半场一定是不一样的，无论你是哪一方，都必须调整打法，才能适应新的比赛节奏。

世界处在巨变中，每一次重大事件的发生，只能让变化加速到来。这场新冠肺炎疫情的到来将加速推动中国经济下半场的进程。

从上半场到下半场，赚钱的逻辑会发生哪些变化呢？

简而言之两句话：上半场，我们的收入来自"资本"型增长；下半场，我们的收入来自"运营"型增长。

先来弄清楚什么是资本。比如土地、房子、股票、各种优势资源（矿产、厂房等），也就是可以坐享其成的东西，这些东西在一个国家的发展初期往往具有非常重大的意义，因为它们可以盘活整个社会的资本，还可以撬动杠杆，带动一轮又一轮的经济发展。

任何一个国家、企业、个人要想快速发展，必须解决原始的资本积累问题，都必须经历一个资本原始积累的过程。这个过程就像"跑马圈地"。一旦生产力得到解放，就加足马力直往前冲，谁的马力大谁抢的地盘就多，这属于野蛮生长阶段。"跑马圈地"时代主要有两大红利：

第一大红利："人头红利"，针对的是制造业和房地产。

第二大红利："流量红利"，针对的是互联网行业。

这两大红利让中国完成了三大基建任务：

第一是实体的基建，主要靠房地产；

第二是网络的基建，主要靠互联网；

第三是产品的丰富，主要靠制造业。

三大基建任务的完成，让中国完成了资本的原始积累，中国经济的上半场，也就是1979—2019年的这40年，我们解决的核心问题就是资本原始积累的过程。

值得一提的是，放眼世界，只有中国的资本原始积累过程是在没有对外侵略和殖民掠夺的情况之下完成的。

那么，中国凭什么在短短40年内就可以完成这个过程呢？这得益于现代贸易的全球化，尤其是我们加入世界经济贸易组织之后，本国产品迅速渗透到世界各地，这是我们完成资本原始积累的重要原因之一。

但是如今，我们已经完成了资本的原始积累过程，我们不能一直停留在这种状态，中国接下来该怎么走？

就像我们开头说的那样：中国经济的增长，正在从"资本"驱动，切换成"运营"驱动。

那么什么是运营呢？就是靠管理、优化、配置去盘活这些资源，使这些资源发挥出更大的社会价值。

比如，现在已不缺房子，缺的是如何把闲置的房子利用起来的方法；现在已经不缺产品，缺的是如何把合适的产品送到合适的人手里去的渠道。

也就是说，"跑马圈地"时代结束了，接下来我们必须经营好自己的一亩三分地了。野蛮生长的时代过去了，未来是精耕细作的时代；淘金的时代过去了，未来是炼金的时代。

之前我们都是依靠资本的增长赚钱，比如房价翻了多少倍、股票升值了多少等，然而，现在资本高速增长的时代已经过去了，如果还想按照之前的那种逻辑，占个坑就坐等升值，无异于守株待兔。

按照这个逻辑，如何衡量一个城市、企业、个人的未来前途呢？就看这个主体的运营收入如何。比如很多城市的GDP依然很高，但是公共收入很低，这说明这个城市正在走向衰落；比如很多上市公司的市值依然挺高，但是利润越来越少，甚至开始亏损，这说明这个企业也在走下坡路；比如很多一线城市的人坐拥上千万的房产，但是年收入还不足20万，收入都不足以维持家庭的运转，说明这个人也是入不敷出。

虽然瘦死的骆驼比马大，但是趋势一旦发生，就很难逆转，甚至还会加速……这些主体总有一天会遇到危机，然后开始变卖自己的资本（家产）度日，直到消亡。

当然，在这一过程中，虽然有的人、企业资本原始积累很低，轻装上阵，但是他们的运营收入非常高。

未来，一大批靠运营赚钱的个人和企业将诞生，他们不靠资本坐享其成，就靠新经营、新模式、新渠道赚钱，他们才是中国经济下半场的中流砥柱。

有大破必有大立。一批人倒下，就必然有一批人站起来。

中国经济的上半场和下半场，各有各的任务：上半场，在资本的推动下，要先通过"模式＋技巧"的创新，给社会搭好骨架；下半场，在运营的推动下，要再通过"产品＋内容"的填充，让社会有血有肉。

先资本，后运营，这往往就是个人、企业发展的两个阶段，这也是一个"先硬后软"的过程。

比如我们前些年大兴土木修桥修路、建房子，这是一种硬性设施的搭建，目的是做好社会的框架，只有当一个社会的基础设施完善到一定程度，人们才能更好地搞科研、做产品。

比如我们前些年诞生了很多互联网平台，电商、社交、交通、餐饮等，这些平台的搭建也是为了给社会搭建框架，这些平台大大提高了社会的运转效率，给很多人带来创业和就业的机会。

当我们通过资本的力量把社会的基本框架完善到一定阶段，我们接下来的精力就要放在运营内容上。

因此，中国经济的上半场，通过资本的积累完成了两大任务：用钢筋混凝土做好基建和房子，推出各种互联网平台提高社会运转效率。

到了下半场，随着商业框架的完善，只有运营好产品和内容才有出路！

这其实也是一种必然。在一个信息高度对称的时代，或者说在一个竞争越来越充分的时代，所有的模式和技巧，都会变得没有门槛，资本越来越无处落脚。

未来我们必须把精力放在运营产品、内容或服务上，而不再是依靠各种捷径或者投机，不再依赖资本的动力。

我经常说的一句话是：中国真正的好时代才刚刚开始，因为从"资本"到"运营"的升级，其意义不仅在于社会的逻辑不一样了，更大的意义在于，它能使社会主流价值观发生转变。

一个人人都在沉下心来做产品、内容，重运营的时代，才是健康的时代，才是最好的时代。

再换一个角度看人生，中国经济的上半场，大家靠投机赚钱；中国经济的下半场，大家要靠努力赚钱。也可以这样理解，中国经济的下半场，最典型的特征就是，只有勤奋的好人才能赚到钱。

这句话非常通俗，但大道至简。

中国已进入财富6.0时代

这两年最火的平台当属抖音和今日头条了，那么它们的核心优势是什么呢？

答案是两个字：算法。

这两个平台都有一套非常高明的算法推荐机制，它们能根据你的阅读习惯识别你的标签，算出你内心深处的癖好，你越喜欢什么，就疯狂给你推送什么，这也叫AI推送（人工智能推送），显然，这套推荐机制更符合人性，无限顺应了人性，所以越来越火。

按照我们在5.0时代的分析，人们的需求已经不再是物质产品，而是精神产品，我们周围的物质产品越来越多，免费送上门的东西也越来越多，这个时候大家更需要的是精神寄托，是灵魂的安放，显然，抖音和今日头条的内容属性将占据我们更多的时间。

因此，未来所有的商品都将沦为"信息"的附庸，未来的商品都将隐藏在各种信息流里。

更重要的是，传统互联网其实大大加剧了贫富的差距，比如微博和微信的时代，你创作的内容受欢迎，就会吸引粉丝，吸引的粉丝越多，内容传播就会越广，从而又帮你带来更多的粉丝，然后可以收广告费，这就是叠加效应，也是资本的原始积累过程。

当你有一定资本的时候，你可以撬动更多资本，而最后所有好的资源都会往你身上聚集。但是算法推荐的时代，这个逻辑就不存在了，算法机制使你的内容传播量和粉丝量没有必然的关系，比如你的内容发布之后，先推荐给200个标签相符的人，如果点赞率、阅读完成率都不错，就继续推荐给2000个人，如果还不错，就再推荐给20000个人……

也就是说，算法就可以将一个之前的原始积累不断归零，这对于新人来说是公平的，同时又鼓励那些"旧人"不断努力，不要停留在过去的辉煌里，过去的成就也无法成为你的跳板，每个人的价值只取决于你当下创造的价值，我们永远只能用当下的内容来说话。

"算法推荐"的精髓就在于让每个人都有机会展示自己的才华，各尽其才，各归其位。它会在无形中平衡每个人的阅读量，让每个人都看到自己感兴趣的东西，不会把资源都集中到某几个"大V"身上，算法就是那个无形中的"道"。

《道德经》第七十七章里说："高者抑之，下者举之。有余者损之，不足者补之。天之道，损有余而补不足。人之道则不然，损不足以奉有余。孰能有余以奉天下？唯有道者。"

老子应该想不到，他几千年前描绘的大道，被我们后人用这种形式表现了出来。

在"算法时代"，人与人之间的贫富差距会越来越小，因为算法会自动平衡资源的分布，未来一定是一个扁平化和去中心化的时代。

大家思考一下，如果社会上人与人之间的贫富差距没那么大了，将会发生什么事？

在之前，我们每遇到一个人，首先思考的问题是什么？往往是这个人的身价，因为人和人最大的区别就是财富的区别。所以，我们一定会不由自主地思考这个问题。而一旦社会的贫富差距很小了，我们思考的问题一定不是这个人有多少钱，而是这个人有什么特征，是什么标签。跟钱再也没有任何关系了。

在人和人之间财富差距越来越小的同时，人与人之间的特征差异却会越来越大，因为未来每个人身上的标签将更加清晰。比如，唱歌、跳舞、写作、表演、科研、律师、医生等。

未来人与人最大的区别不再是财富的区别，而是价值标签的区别。

按照这个趋势发展下去，未来的社会一定会变得越来越平等，越来越细分，每个人都沉醉在自己的世界里，不用再互相干涉和强迫。

《道德经》第八十章里说："邻国相望，鸡犬之声相闻，民至老死，不相往来。"它描述的其实就是人类文明的最高境界，虽然两个人近在咫尺，虽然他们毫无共同语言，但是能做到尊重彼此的不同，和而不同，方为大同。

算法究竟是什么？我们既看不见也摸不着，但它确实存在，而且大象无形，它在冥冥之中影响着我们每个人的命运，这不就是老子说的那个"道"吗？

商业的最高境界就是"道"，道隐无名，我们都看不到它，但它却无时无刻不存在，冥冥之中操控了世界的发展。面对"道"，我们需要的是一颗敬畏之心。

《道德经》第五章里说："天地不仁，以万物为刍狗。"这里的天地其实指的就是那个"道"，在它面前人的命运确实不值一提。

商业越繁荣，利润就越少

一
商业越繁荣，赚钱越难

我们先来看看互联网究竟是怎么改变传统商业的。

淘宝的出现让开店不再需要实体门面，降低了开店的门槛，这样人人都可以开店，刚开始的时候大家会狂欢，网店遍地开花，但是到了一定阶段，大家发现去淘宝上开店已经很难再赚到钱了，因为，当人人都有生意做的时候，也就意味着人人都没有生意做。

那么，抖音的出现又将产生什么样的影响呢？

抖音让表演门槛越来越低，人人都拥有了自己的舞台，人人都可以制作自己的节目，抖音让文艺变得平民化。这必将给传统影视业的发展带来一定的冲击。

抖音的出现和淘宝刚出现时的情形是一样的，刚开始大家一定会乐此不疲，热闹非凡，进入全民参与的娱乐氛围里，一起拿着手机嗨。但是到了一定阶段，大家也会发现一个事实：人人都可以出作品的时代，也就意味着作品和创作将越来越廉价，各种模仿行为横行，为了博眼球而各种出位，创作本身的价值大打折扣。

这个世界之所以有观众，就是因为创作有门槛，表演有专业度，而当创作无门槛的时候，世界上可能再也没有认真的观众，人人都是主角，人人都在走马观花，人人都在逢场作戏。

因此，不要看那些内容每天都有不少的曝光量，但是也就是看起来热闹而已，最后的结果就是创作者只能赚到辛苦钱罢了。

抖音对文艺行业带来的冲击和淘宝对商业带来冲击的在逻辑上是一样的，太阳底下没有新鲜事，历史永远在不断地重复和轮回。

二

商业趋向：社会的平均利润率

我们再来看看外卖、交通出行等这些平台上，正在发生什么事情。

之前开一个餐饮店，主要靠自然人流，每家店所处的位置不一样，顾客也不一样，大家各安其位，井水不犯河水。而一些外卖平台诞生后，虽然每家餐饮店的订单都变多了，但是最后一算账，利润越来越薄，也只能赚到辛苦钱了。

平台和商家的关系是这样的，平台通过后台数据牢牢控制住各大商家的利润空间，让商家们都成了平台的打工者，时间长了商家们"有口难开，欲哭无泪"。

之前开出租车是需要门槛的，而打车类平台诞生之后，让开出租车的门槛大大降低。打车平台运作了几年之后，如今越来越多的人无事可做都去打车平台接单去了，叫车越来越容易，补贴却越来越少，平台的抽成也越来越多。于是，在打车类软件平台上开车的司机，也只能赚到辛苦钱了。

再以当下最流行的直播购物为例，我的一个朋友做了一个直播的公司，和很多网红、主播合作卖衣服，虽然这让大家买东西更加便利了，但是出现了大量的退货和库存，结果年底一算账，还是亏钱。

这就是互联网对商业的影响，互联网让人人都有生意可做。然而，当人人都有生意可做的时候，就意味着我们只能赚到辛苦钱了。

从商业规律上来讲，每个行业都会有一个红利期。这往往发生在一个行业的初期，行业处于爆发式发展阶段，此时从业人员较少，社会需求较大，这个阶段的利润率相对比较高。

由于利润率大，就会有很多人加入进来，随着从业人员的增多，市场开始趋向饱和，竞争越来越激烈，于是利润率就会大幅下降。降到什么时候为止呢？降到接近整个社会的平均利润率为止。

社会的平均利润率是指这个社会上一个人能够维持基本生活所需的收入。比如对于现在的中国来说，这个收入水平在6000 ~ 10000元之间，无论你之前是从事哪个暴利行业的，都会被拉到这个水平。

每个行业都会有一种自动调节机制，让该行业的利润水平回归到社会的平均利润。

比如之前做培训很赚钱，当时通过各地招商、电话销售、搜索引擎等形式可以获取大量客户，而现在电话销售效果越来越差，招商越来越难，搜索引擎越来越贵，因此获取客户的成本大大提高了，于是利润率大幅下滑，直到回归到社会的平均利润率为止。这不是偶然，而是必然。

当然，当一个行业的利润率回归到社会的平均利润率的时候，就不会再降低了，因为他们会给你留一个可以喘息的空间，让你疲于奔命，却又只能赚到基本的利润率，维持生存。

三

未来人人可以有产品，人人可以有作品

《国富论》里说，利润降低不是商业衰退的结果，恰恰相反，这是商业繁荣的必然结果。

　　商业繁荣的基本表现，就是未来无论做什么，门槛都会越来越低，未来是人人都可以有产品，人人都可以有作品的时代，这也是社会越来越公平的表现。

　　互联网的根本价值就是让人人皆可参与，也就意味着未来的竞争会越来越激烈，而竞争越激烈利润也就会越低。

　　同样的商品、服务、作品，只要你还有利润存在，一定会有商家卖得比你更便宜，或者一定有平台诞生，上面的东西更优惠！

　　无论你做什么，都不要再指望有暴利空间，最后每个人只能赚到辛苦钱，这是社会发展的必然趋势。

　　这里还有一个很有意思的现象，那就是未来老板和员工的收入也会不断靠近，一起接近一个社会的平均劳动收入。

　　做老板很风光的时代已经过去了，其实这两年日子最难过的就是各种老板，大到上市公司，小到私营企业，日子真的都很难熬，为什么呢？

　　因为企业的管理成本不断提高，企业的人力成本也在不断提高，而商品的利润率却越来越低，即商品越来越便宜，而用人成本却越来越贵。企业遭遇两头难，两头都在挤压。

　　现在很多老板整天忙得团团转，为了找出路急得满头大汗，而大部分员工依然过着正常上下班的日子。究其本质，是绝大部分企业的体制无法充分调动员工的积极性。

那么，未来我们该怎么办呢？

四
商业的业态在升级

任正非说过一句话：所有的生意终将死亡，唯有文化生生不息！

这句话可谓一语道破玄机，发人深省！

我们必须要明白一点，商业的业态在升级。

在之前，商业主要靠各种生意人去完成，商业关系主要是人和人的关系，而在未来，人都是依附各种平台生存的，商业关系不再是人和人之间的关系，而是人和平台之间的关系。

未来每个人都是一个生产者，也是一个需求者，可以在平台上自由对接，每个人最后都是跟平台进行结算。

因此，未来社会上大量游离的不再是生意人，不再是商人，而是各种价值的创造者，也是一个个独立的经济主体。

自古以来，中国从来没有像今天这样出现那么多商人，几乎全民皆商，当然这是特定阶段的产物。

这个阶段很快就会过去，未来是个体崛起的时代，个体模式将取代传统的公司化模式。

当生意人大量消失的时候，各种新个体将纷纷崛起，这些个体包括有文化的农民，有匠心的工人、知识分子、设计师、医生、律师和作家等。

在之前这些个体都是为公司打工，因为他们找不到自己服务的客户，只有受雇于他人，但是在互联网时代，他们都能精准地找到自己的客户，尤其是随着区块链的发展，他们创造的价值可以被精准记录并且变现。

其次，之前的商业价值靠有形的产品来承载，未来的商业价值靠无形的产品承载。

五
未来，找到你的价值标签

未来我们缺少的是什么？是精神指导，是学习，是陪伴，是宽慰，是帮助选择，是放松娱乐，是身份属性等这些无形的东西。

人类的物质越发达，精神就会越迷茫，就会越容易对无形的东西如饥似渴，比如精神的认同、情绪的安慰，等等。

未来很多有形的产品都是不赚钱的，甚至可以是亏本的。但是它们承载的无形的文化属性却越来越值钱。

比如，美容产品的利润越来越小，但是美容过程的利润越来越高；汽车的利润越来越小，但汽车的售后服务利润越来越高；

书本的利润越来越小，但是开读书会越来越赚钱；等等。

我们的社会结构将从"物质架构"向"知识架构"转变，未来人们缺的是精神食粮，是知识型产品。

未来无形的产品，利润会不断膨胀。未来社会的商业关系，不再靠有形的产品去链接，而是靠无形的文化去链接。

对于公司来说，唯有文化才是一个公司未来的真正核心竞争力；对于个人来说，未来人与人最大的区别就是文化属性的差别。

文化水平的高低直接影响了认知水平的高低，因此，未来服务行业和教育行业会迎来大发展。

当你不够强大的时候，你要服务别人，这就是服务业。

当你足够强大的时候，你要教育别人，这就是教育业。

产品只是一个工具，而不是价值本身。通过文化提升自己的认知，再进一步提升自己的价值，才是一个人未来的立足之本。

随着人们认知水平的普遍性提升，最终的结果就是人们的收入差距会越来越小。

这个社会机会也将会越来越公平，每个人出彩的机会也越来越多。

企业可以推倒重建

一

企业的大小没那么重要了

大家思考一个问题：在地球的上一次环境大动荡中，为什么恐龙会灭绝，而蚂蚁和蜜蜂却生存下来了？

因为恐龙体积庞大，能量消耗巨大，对环境变化适应能力差。

这次新冠肺炎疫情之后，很多"大型企业"也将从此消失。这些企业无法快速适应外界环境的变化，只能硬生生地站在原地挨打，被蚂蚁雄兵蚕食，正所谓"船大掉头难"，说的就是这个道理。

商业的发展先后经历了四个阶段：第一阶段：快鱼吃慢鱼；第二阶段：大鱼吃小鱼；第三阶段：大鱼变慢鱼；第四阶段：小鱼吃大鱼。

快鱼吃慢鱼，是指抓住先机的人会淘汰掉慢知慢觉的人。

大鱼吃小鱼，是指这些先行者成功后，开始垄断掌控行业资源，让后来滋生的小公司越来越难发展。

大鱼变慢鱼，是指当这些公司走向稳定之后，"船大掉头难"，创新速度越来越慢，无法真正应用互联网这个工具。

小鱼吃大鱼，是指当互联网成熟之后，使那些游离的小企业、个体能够找到自己的精准目标，他们分头行动，就如同蚂蚁雄兵，将本该属于大鱼的市场蚕食。

现在就是小鱼吃大鱼的时代！

未来的企业将越来越灵活：

一个传统企业，一年要做10亿元销售额，至少需要1000名员工；

一个互联网企业，一年要做10亿元销售额，至少需要100名员工；

而一个网红，一年要做到10亿元销售额，却只需要10名员工！

二

商业新物种在诞生

受这次新冠肺炎疫情的影响，很多企业开始跨界。比如，五菱也生产口罩了，中石化也开始卖菜了，999感冒灵也出泡面了……这充分说明了一个问题：未来企业最重要的能力，是链接消费者的能力，是快速响应客户需求的能力。

未来是需求决定生产的时代，一切都是以消费者的需求为出发点，按需生产、以需定产才是生产的主流方向，这也是一种柔性化生产和定制化生产的能力。

未来的企业是一个无界的企业，手握用户和数据资源，打破不同领域之间的樊篱，建立融会贯通的创新型组织。

同样的逻辑，未来厉害的人往往是一个跨界的人，能够在不同思维路径上找到交汇点，并且建立全新的认知坐标，成为一个游离于各种状态之上的人。

人与人之间的限制也将被彻底打开，人不再被限制在某种特定位置上，而是开始互相越位和糅合。

所以接下来必将诞生很多我们难以用传统词汇去形容的个人或企业，他们看起来似乎不伦不类，但是却表现出极强的适应性，发展迅速，颠覆了很多传统的理论经验，这就是商业"新物种"，我们应该大胆地接受他们，因为这将是今后世界的常态。

三

经济正在发生一场"核聚变"

新冠肺炎疫情初期，餐饮企业开始尝试"共享员工"，盒马与云海肴共同宣布达成人员用工合作，超500位云海肴员工陆续到盒马上班，并由盒马支付相应的劳务报酬。

这说明公司的结构变了，未来的公司能够让大量个体保持独立又可以随时协同，再加上区块链技术的应用，这种组织看似松散，实则协同性更强，随时在发生裂变和聚变效应。

说得通俗一点，未来公司的出路之一就是把自己打散，形散而神不散，在客观需求下能够随时聚合、随时解散。

今后企业所有的部门均须各自为战、化整为零，要求大家既要有单兵作战的能力，又要有协同作战的能力。

人类有史以来诞生的两种超级武器原子弹和氢弹，之所以威力巨大，就是因为可以发生核裂变和核聚变反应，这说明一个道理：创造巨大能量的最好方式分别是"分裂"和"再组合"。

如今商业层面也发生了类似的反应，裂变的本质是将"公司"分裂成"个体"，聚变的本质是"个体"再聚合成"公司"。如今的商业正在发生这种神奇的反应，这个世界必定会因此发生重大变化！

未来每个人都是一个独立的IP，都是一个独立的经济体，我们再也不需要KPI（绩效考核指标）、不需要销售佣金，我们只需要向消费者提供他们所需要的产品和服务，这将成为未来发展的主趋势。

要想做到这一点，首先需要一种平等的、公开的、自助式运作的系统，这是一种生态化、多方协同的治理。

未来的企业必须拥有以下能力：（1）线上的获客能力（内容获客）；（2）分工与协作的能力（蜂群蚁群的分工协作方式）；（3）IP和品牌的影响力（精神引领取代低价促销）；（4）打开边界的能力（全员参与，用户参与）。

四
"用户主义"的时代来了

如今，商业发生了变化：流量越来越贵，传统的推广和营销越来越失效，获客成本越来越高。

对现在的企业来说，最关键的问题已经不是留住人才，而是留住用户了。

留住人才要用股权，留住用户也必须靠股权。因此，很多公司把本应该奖励员工的股权，拿出来奖励用户了。

比如，看新闻给奖励，写点评给奖励，分享给奖励，上传内容给奖励等。当然，现在的奖励很多还是现金、优惠券等，但是以后这些奖励一定会变成一种"期权"。

因此，未来商业最大的趋势是让所有用户一起来分钱的制度，大家各尽其才，按自己的贡献分钱，这就是用户至上主义。

简而言之，我们正在进入一个"用户决定一切"的时代！

未来平台化公司会有大发展，每一个用户都可以利用平台创造自己的价值。

我们可以称这种变化为商业的"用户主义"，用户主义就是用户决定一切。

权力正在从"资本方"向"消费方"转移。消费者开始逐渐掌握商业的主动权。

五
公司的边界正在消失

商家（平台）和用户的关系，经历了三个阶段：第一个阶段是交易关系，用户到平台是为了买东西；第二个阶段是服务关系，用户到平台是为了寻找各种服务；第三个阶段是股东关系，用户以平台为依托，创造各种价值。

公司的结构也经历了三个阶段的变化：第一个阶段：股东与股东之间的关系（单边关系）；第二个阶段：股东和员工之间的关系（双边关系）；第三个阶段：股东、员工和用户之间的关系（多边关系）。

未来的公司，资本力量会被严重削弱，人的价值会被进一步放大。

未来企业自身的边界将被彻底打开，企业不再是封闭的组织，而是成为包容性和扩展性很强的平台。

所谓"大象无形"，未来一个企业能不能彻底打开自己的边界，把你的用户变成你的代言人，将决定这个企业能不能做大。

当你看懂上述逻辑后，就会发现现在的公司都正面临着巨大的机遇和严峻的挑战。

越是萧条期，越有大机会

一

危险和机会永远并存

最近两年经济形势危机重重，很多人茫然四顾，完全不知道该怎么办了。

回望历史，可以发现一个特别有趣的现象：很多伟大的公司都诞生于经济危机时期。

比如，通用汽车诞生于1907年的经济大萧条时期，IBM诞生于1911年的"一战"前夕，联邦快递诞生于1973年的石油危机时期。

还有很多企业都善于在逆势中布局。

1994年墨西哥遭遇经济危机，当时几乎所有企业都在缩减在墨西哥的投资，但是可口可乐却乘机加大在墨西哥的投资力度，结果赢得前所有为的业绩增长。

1998年亚洲金融危机，很多企业都在亚洲缩减开支，但是三星却趁机加大在中国的投资力度，结果一举成为手机行业的龙头老大。

2008年全球金融危机，很多大公司的境况都十分艰难，美国汽车业三大巨头——通用、福特和克莱斯勒销量都在大幅下滑。还有不少巨头破产，最著名的就是美国第四大投行雷曼兄弟，这家成立了100多年的华尔街金融大鳄轰然倒塌。但与此同时，法国的欧莱雅公司2008年上半年销售额逆市增长5.3%；日本资生堂公司也逆势飘红。

2009年全球金融危机，中国也被波及，肯德基却看好中国市场，乘机加大在华投资，结果巩固了自己快餐老大的地位。

这说明危险和机会永远都是并存的，每一次动荡都会有人倒下，也一定会有人站起来，这是历史的铁律。

二

商业出路究竟在哪里呢？

首先，我们要记住一句话："答案"永远都比"问题"高一个维度。

当我们提出一个问题的时候，必须将自己的立场升高一个维度，才能找到这个问题的答案。

在"价值规律"篇里已经讲过"产品—品牌—文化—文明"

之间的维度关系，我们知道无论做什么最终都会走向文化，文明是更大层面的东西，是由不同历史时期的价值趋向衍变而成的。个人和商家可以提升到文化层面做产品。

其实"人"也好，"产品"也好，"IP"也好，都是文化的产物。我们现在要做社群、要做品牌、要打造IP，这些东西的背后是文化。未来如果不做文化，基本上就是无路可走。

为什么现在全球的大牌（奢侈品）大多发源于欧洲呢？因为这些大牌兴起的时候（欧洲文艺复兴之后），当时资本主义刚刚统领全球，欧洲是全球文化的引领者，也是先进生产力的代表者，强势文化造就了强势的品牌，引领了全球。

这次新冠肺炎疫情，是世界经济发展史上的一个转折点。

比如在控制疫情方面，东方国家的效率明显高于西方国家，尤其是中国，在很短时间内就基本将疫情控制住，而且利用经验和资源支援全球，这说明东方文明已经在新一轮全球化中占据引领的位置。

这也是风水轮流转，各领风骚数百年。

伴随着中国经济的崛起和文化的输出，必然会诞生一批品牌，这是接下来最大的商业机会，而且其中一定会有品牌成为中国文化崛起的象征，成为全球都在追逐的大牌。

商业的"暴利时代"虽然过去了，但是"厚利时代"到来了，这个厚利的载体就是品牌，就是文化，甚至是文明。

然而，"文明"只是一个抽象的概念，如果非要把这个概念具象化，"文明"就是价值观，世间万物一定会朝着价值最优的序列去排列组合，谁能代表最高阶的文明，谁就能汇聚天下的消费者。

现在做品牌的逻辑跟之前不一样了，之前做品牌只需要你足够高大上，足够优雅、时尚就可以了，如今做品牌还需要你有鲜明的价值观，比如旗帜鲜明的设计理念，比如对于公共事件所采取的措施，对公共话题所持有的观点，对于热点问题所抱持的态度，等等，未来的品牌必须有自己的"三观"。

三
海量新品牌的崛起

这一点也很关键，中国崛起的一定不是某几个品牌，而是一大批林立的新品牌。为什么会出现这种经济现象呢？

因为中国的市场是最特殊的市场，这一点跟欧美和日韩完全不一样。在中国，不仅有开放的电商平台和物流平台，还有开放的供应链平台，这些资源都是共享的。只要你有好的产品，就可以通过各种渠道迅速销售出去。

而在欧美和日韩，这些体系都是被巨头掌握的，中小品牌根本没办法开发这些系统，这就形成了巨头垄断，所以，我们可以看到，在欧美和日韩的零售商都是巨头，他们都是全球采购、全球供应，他们的优势就是全球化式布局，可以迅速将全球最便宜的产品卖到价格最高的地方去。比如ZARA、沃尔玛等，走的都是这种路线。

这些巨头刚进入中国时的情形都还不错，但是这两年已经风光不再了。

举个例子：

10年前我们用的日化用品，基本上都是宝洁公司提供的，但是今天我们再看一下自己用的日化用品，有几个还是宝洁旗下的那几个大品牌呢？

宝洁这家已经快200年的公司在今天业绩已经大不如前，这不是偶然，而是一种必然。

因为中国作为它主要的战略要地，其市场情形发生了很大的变化。中国互联网和物流的发展，诞生了很多小众品牌，这些小众品牌的销售渠道也很多，甚至还有很多微商品牌，这些商家就像蚂蚁雄兵一样蚕食宝洁公司的市场份额，而且这些产品专盯细分人群，有各种各样的细分功能，满足不同人的不同需求，于是那些大而全的产品就被抛弃了。

这就是海量品牌的崛起，这将是中国经济下一轮发展的动力，也是中国独有的经济现象，而且极有可能为世界其他国家提供发展模板，比如中国已经在输出自己的互联网模式和"新基建"了，这其实就是在帮助世界建立新的商业系统。

其实，中国的互联网对世界经济最大的贡献，就是将资源平台化、共享化了，而不是被某个巨头霸占着，这就给中国那些中小企业提供了发展的空间。

而作为普通的制造型企业，如果不能充分利用这些互联网平台提供的资源，必然会被淘汰。（至于怎么利用，我们下面会详细探讨这个问题。）

如果从文明的角度来看这个问题，中国文明的最大特点就是四个字——"和而不同"，讲究的就是多元化并存，这是造就海量品牌崛起的内在力量。

西方文明的核心在一个"赢"字，而中国文明的核心是一个"和"字，这是两种不同的文明逻辑，如果从人类文明的走向来看，下一步的大方向一定是多元化并存的格局。

上面讲那么多就是想告诉大家，我们必须得扎实地做自己的品牌。那么究竟该如何做品牌呢？

我们先来看产品层面的问题。

四

匠心精神的崛起

我经常说，企业的发展有一个规律，短期拼"营销"，中期拼"模式"，长期拼"产品"。

企业的成功刚开始往往需要借势，要站在风口上。但是，企业到了一定阶段就得靠模式，模式必须是最先进、最符合时代潮流的。然而，一个企业要想长远发展，必须得能提供过硬的产品或服务，否则一定无法长远。

我们身边已经发生过很多这样的案例，很多企业都曾风光无限，它们要么靠风口，要么靠营销，但是时间一长，它们就倒下了。

因此，未来的时代一定属于有"匠心"精神的企业。所谓"匠心"就是百般打造产品的那种耐心和细致。

一个产品（作品）从0到99%那部分可以靠时间和精力来完成，这些也都是金钱可以买到的。但是，从99%到99.9%乃至99.99%的那部分，却取决于一个人的热爱和心态，这就是"匠心"。

谈到"匠心"就要谈到"做人"的层面，这和企业发展的规律很相似，人的发展也离不开一个规律，那就是：短期拼"机遇"，中期拼"能力"，长期拼"人品"。

而且我坚信，一个拥有优良人品的人，做出来的东西一定不会太差。

前段时间，我看到刘德华的一段采访，让我非常感慨。

他说好演员有两种，第一种是"天才"型的，比如周润发和梁朝伟这种，这种人天生就有演戏的才能，很会演戏。第二种是

"好人"型的,这种人虽然并不是生来就是天才,但是人品各方面很好,能够听取别人的意见,虚心好学,勤奋上进,这种人演的戏也不会差。

显然,刘德华就是这种好人型的演员。反观我们身边那些成功人士,靠天分成功的真的很少,大部分人都是普通人,普通人的成功靠什么?靠的就是自己的品行和心性,一个勤劳、踏实、善良又上进的人,做出的事一定不会太差,做出的产品一定不会太差。

说到这里,我们不妨来总结两个社会规律:人类的竞争,归根结底还是"人品"和"产品"的竞争;人类的胜利,往往是"价值观"的胜利。

中国经济的下半场,必然会崛起一批有匠心的企业,以及一大批善于创造、踏踏实实做事的人。它们不仅将引领社会新风尚,还将引领最积极正向的价值观。

以上是产品层面,下面我们再来看经营层面的问题。

五
从经营产品到经营客户

我经常说,商业的重心发生变化了,之前的重心是"产品",未来的重心是"人群"。

　　未来，我们经营的不再是产品，而是消费者。那么，经营"产品"和经营"消费者"的区别是什么？

　　第一大区别：如果你想方设法地把产品卖给10000个消费者，这就是经营产品的逻辑。如果你先把产品卖给100个消费者，然后力争让每个人消费10次，同时每个消费者还能再帮你找到10个消费者，这就是经营消费者的逻辑。

　　这两种办法的结果看起来是一样的，消费频次都是1万次，但是第一种办法需要投放大量的广告，需要大量的营销费用。而第二种方法却只需要提高服务质量，最重要的是，第二种办法是没有边界的，消费频次在无限扩张。

　　第二大区别：经营"产品"是向所有人提供所有的商品；经营"人群"是向不同人群提供最合适的产品。

　　未来社会"人以群分"的特征将会越来越明显，如果去满足所有人的要求，成本必定会居高不下。只有去满足一些特定人群的需求，才是最符合时代需求的生意。

　　这就是Costco和其他一些国外入主中国的超市的区别，为什么Costco越来越火，而其他一些国外入主中国的传统大型超市都先后退出中国市场？因为它们就是在试图向所有人提供所有的商品，而Costco就是在努力为中产阶层提供他们最合适的产品。

　　在其他一些国外入主中国的超市里，产品总是琳琅满目，让你一下子不知道该如何选择，而在Costco基本上不用花费多少时间挑选产品，每一个品类的产品很少，但是往往就是最适合你的，所以大家基本上是拿了就走。

因此，它们退出中国，也不是偶然，而是必然，和宝洁公司的衰退一样，这就是传统国际巨头的宿命。

最后，我们的"获客方式"发生了重大变化！

六
消费者主义

"现代管理学之父"彼得·德鲁克有一句经典名言："企业的唯一目的就是创造顾客。"这句话放在今天尤其贴切。

很多人埋怨现在生意不好做，然而，我最近在全国跑了一圈之后发现，仍然有很多人生意做得很红火，这些人有一个共同的特点，放弃了"传统获客"，全部依靠"线上获客"。

所谓传统获客，就是我们通过打电话、投广告、线下社交、分销等方式去开拓客户，这种方式会导致成本越来越高，效果越来越差。

所谓线上获客，就是利用短视频、自媒体等各种平台去生产相关的内容，包括以下两个方面：一是，免费的内容分发，比如在一些平台广泛地传播文章、短视频；二是，结合自己的专业知识，制作成短小精悍的爆款课程，可以免费，也可以卖得很便宜。

这样就能吸引别人成为你的粉丝，然后再成为你的客户。线上获客的本质是生产内容，再进一步来讲就是价值获客，而且这也是品牌建设的一部分，能提升品牌的知名度和影响力，这就是我在前文提到的未来做品牌必须时刻传递自己的观点、价值主张以及价值观。

这才是未来获客的主流方式，尤其是这次新冠肺炎疫情之后，更让我们看到了线上获客能力的重要性。

传统的广告、电话、分销获客的手段，以及那种靠补贴和烧钱抢人的方式都在慢慢失效。别人因为贪图小便宜而来，一旦小便宜没有了，大家也就离开了。

以利相交，利尽则散；以势相交，势败则倾；以权相交，权失则弃；以情相交，情断则伤。人与人之间唯一长久的关系，不是"依靠"和"被依靠"，不是"馈赠"和"被馈赠"，而是"成全"与"被成全"，留住一个消费者的最好办法就是成全他。

还有一点很重要，未来最重要的不是你能圈住多少消费者，而是你能找到多少人愿意帮你去圈消费者，能不能广泛地寻找自己的代理人，这是小生意和大事业的关键区别。

怎么做呢？可以把线上导来的流量，直接导入到线下，采取见面会、培训、招商会等形式，从中选择部分比较合适的人发展成为代理，甚至合伙人、股东。

我们一定要去激励那些忠诚又有贡献的消费者，这种奖励不再局限于小恩小惠，一定会变成长期的激励，比如期权、股权等。

未来最值钱的不是产品，不是资源，而是消费数据。什么是消费数据？比如用户信息、会员库、粉丝等。谁掌握了大量的消费数据，谁就掌握了主动权。

未来商业的重心就是讨好这些消费者，我们可以称这种变化为商业的"消费者主义"。

究其本质，商业的权力发生了转移，从"生产方"转移到"消费方"。之前生产者掌控一切，而未来是消费者决定一切，一切都是以消费者的意志为转移的。消费者开始掌握商业的主动权。

未来，将有海量的品牌出现，这些品牌将非常善于聚合人，它们用内容和用户建立起强关联，它们懂得如何更好地运用群众的力量，每一句话都蕴含了发动群众的艺术。

综上所述，做品牌的逻辑变了，建渠道的逻辑变了，获客方式也变了，如今，很多公司、产品都可以从头再做一遍。

有大破才有大立，万物凋谢之日也是万物复苏之时。商业的逻辑变了，紧握旧地图、固守旧思维发现不了新大陆。

你还在原地踏步吗？

财富的秘密——颠覆你的认知

古希腊哲学家赫拉克利特说：万物流转。

老子在《道德经》中说：道可道，非常道；名可名，非常名。

这些话表达的是同一个意思，天地间唯一不变的就是变。

世界上永恒不变的就是所有事物都处在不断的流转之中。

同时，物理学的一个重要定律"能量守恒定律"告诉我们：能量既不会凭空产生，也不会凭空消失，它只会从一种形式转化成另一种形式，或者从一个物体转移到另一个物体，而能量的总量则会保持不变。

一

财富的本质

首先，我们要清楚一个概念——财富。

要明白财富由两部分组成：内在和外在（也即精神和物质、

阴和阳）。从物理学上来说，就是能量和物质。

要明白财富的转化规律，财富可以从物质转化成能量，也可以从能量转化成物质。

所以，财富是精神和物质的总和，是阴和阳的总和，是虚和实的总和。

比如，股票和银行存款是虚的、看不见的财富，现金是实的、看得见的财富。

那么，内在的财富是什么呢？

爱因斯坦早就提出：所有一切物质都是能量的表现形式。

如果能量非常密集就表现为固体，能量稍微疏松就表现为液体，能量再疏松的话就表现为气体，如果能量完全疏松就表现为无形态，连气态都不存在，它就成为看不见摸不着的东西。

虽然这一切看不见、摸不着，但是它可以转化。就好像空气、宇宙射线、太阳能、氮气都是能量，但这些能量我们抓不住，只能通过一种方法来转化它。

农民就使用了这样的方法，他们通过种粮食把太阳能、氮气、土壤的营养、水分等转化成食物，就是将无形转化为有形。

古代人把能量称为"德"，《易经》中说"厚德载物"。

厚德就是能量，所以，一个人无德，也就是说他没有能量，他就不可能获得成功和物质。有人没德也有钱，但一旦有了物质却没有能量时，悲惨的命运必定会来。

如果有能量，即使没有物质，但一定处处皆是吉祥、喜悦和幸福。

所以，要明白能量对生命的贡献，能量是财富重要的表现形式，能量等于看得见加看不见的，等于物质加精神。

所以我们就明白了，中国老祖宗太有智慧了，他们早就认识到，内在和外在其实是一个整体。

财富是外在的"得"，能量是内在的"德"。

厚德厚物，薄德薄物，缺德缺物，无德无物。

因为能量和质量永远要追求一种平衡。

电影是由电影机放出来的图像，我们的人生就像一场电影，我们生命中所呈现的一切，家庭幸福、身体健康、子孙成长等，这些都是现象，需要一个最根本的东西去推动，这就是能量。

二

被动：宇宙自平衡

第一种：德厚，精神超出物质（自动平衡）。

当我们的德比较厚，精神超出物质的时候，宇宙有个规律会自动恢复平衡，使得物质和精神平衡，物质就会自动出现。

物质和能量要平衡，必须进行相互之间的转化。我们人体也一样，阴阳不平衡时就要生病，阴阳极度不平衡了就要死亡，这是谁都无法拒绝的。

同样，很多时候财富也是无法拒绝不了的。

成功是无法拒绝的，是无路可走、无法选择的。就是这个道理。

第二种：德薄，精神低于物质（被动平衡）。

如果一个人的德很少，物质太多，结果就是多出精神的这部分物质会消失，这也是无法抗拒的事情，甚至会出现天降灾祸。

所以，现在大家知道灾难是怎么来的了吗？用古人的话说，就是"德不配位"，就像用0.5吨的拖拉机去拉5吨的黄金，结果就是根本拉不动。

我们永远不要去看重物质，永远要把注意力放到精神上，当我们去积德的时候，就算物质暂时得不到，但是心里会觉得特别美，生命会特别喜悦。

爱因斯坦的质能方程$E=mc^2$，其实和中国古人在几千年前所说的"厚德载物"表达的是同一个意思。

这正是我们中华智慧、中华文化的伟大和超越之处。

三

主动：创造平衡，改变命运

当我们明白了能量守恒定律之后，就可以主动运用这个定律，去创造平衡，改变命运。

当我们发现生命中的物质远远超出自己的能量，外在的拥有远远超出内在的精神时，就可以主动把外在的物质奉献出去。

很多人不知道这个道理，拼命去追求物质。正如有很多老板，赚了很多钱后大量买别墅、车子，非常奢侈，却不去补充精神的能量。

我真的为他捏一把汗，因为如果不积德，他之后会发生什么谁都不知道。

所以，智慧的人在事情发生之前就解决了，不智慧的人是等事情发生了才去解决，但是有些事情发生了再去补救就已经来不及了。

那么，应该怎样将能量守恒定律应用于我们的生命中呢？

核心就是永远让内在大于外在，让精神大于物质。

有智慧的人能够提前了解、明白这些原理，就会去好好珍惜并努力运用在生活中。

第八章

Chapter 8

对成长精进
法则的认知

——提升认知是一场修行

提升你的维度

赚钱的关键在于升级自己的维度！

如何升级呢？读完此文你就懂了！

一

打开你的思维

我先举个例子，开拓一下大家的思维。

假如有一天，你忽然发现一个好项目，只须投200万元，未来5年内将有80%的希望赚到1个亿。

你有以下四种做法：

（1）传统的做法是：用固定资产做抵押，从银行以6%的年利率借款200万元，5年之后如果成功赚到1个亿了，还掉银行的本金和利息之后，剩下的钱都是你的。

如果项目没有成功，你只能宣布破产，所有资产被银行收走。

这叫贷款。

（2）流行的做法是：把项目做成路演方案，找到投资人，以200万元出让20%的股份，因为你需要费用去做这个项目，事成之后投资人能得到1个亿的20%的分红，即2000万元。

如果项目没有成功，投资人的钱打水漂，你至少领了5年的工资。

这叫创业。

（3）如果胆子大一点儿，你可以公开向全社会募集资金，每个投资人根据出钱的金额占项目相应的股份，就可以分享公司未来的相应收益，出钱人之间可以交易自己所持有的股份。

按照PE估值，你能募集20亿元，市值变成100亿元，机会一到就去套现。

这叫发行股票。

（4）如果胆子再大一点儿，你可以把这个项目切割成2亿份，然后公开零售这些碎片的"希望"，每份价值2元钱，然后设置一个头等奖（1000万元）和若干个二等奖、三等奖。

这样，未来的钱一下子就收回来了，收益较之其他方式更大，零风险。

这叫发行彩票。

你会发现这四种做法的风险越来越小，但是利润却越来越大。

问题的关键在于，四种做法的门槛越来越高。

这个世界上好项目多的是，关键是看谁来做、用什么方式来做。

同样的项目，不同身份的人去做、不同的手法去做，完全是不同的结果。

这就是挣钱、赚钱、发财的区别。

二
升级你的维度

下面我们就可以理清上文提到的三种不同的角色了。

起源于西方的现代经济制度，把世界变成了"超级大赌场"，里面只有三种角色：

（1）开场的人（幕后老大）——各种市场游戏规则的制定者，比如各国的证券市场和发行虚拟货币的人，他们自己搭建平台让别人来玩，一切都得听他们的。

（2）庄家（做庄的人）——这种人坐在台前直接参与博弈，比如企业家、资本家、明星创业者等，他们依靠讲故事吸引外围的人押注他们，并得到最直接的分红。

（3）赌民（下注的人）——赌场里最多的人，他们只能站在外围等着下注。比如股市的散户，或者边缘的创业者，他们总是被大盘或大势吸引，散户盯着大盘，创业者盯着大势，彩民紧盯着大屏，自己判断凶吉。炒股、投资、创业都是如此。

开场子的人（幕后老大），他们只须维护好赌场的秩序，制造出很多人来玩都赚到了大钱的假象，就可以坐享其成。

坐庄的人，是被赌场选出来的形象代言人，有一定的影响力，他们靠讲故事就能把别人的钱吸入自己的口袋。

广大赌民，只能站在台下等着押注。

我之所以说这么多，是想让大家明白一个道理，我们必须要清晰地看透这背后的逻辑，否则永远都被别人牵着鼻子走，活在别人制造的假象里。

人生九大守恒定律

一

苦难守恒定律

苦难是人生的基本属性。

每个人这辈子吃苦的总量是恒定的，它既不会凭空消失，也不会无故产生，它只会从一个阶段转移到另一个阶段，或者从一种形式转化成另外一种形式。每个人都会有对应的难题，每个阶段都有对应的难题；你越是选择现在逃避它，越不得不在未来牺牲更大的代价对付它。

因此，苦难守恒。

二
幸福守恒定律

幸福取决于一个人能否正确看待自己和世界的关系。

这个态度的合理指数，决定了一个人的幸福指数。

人生的幸福指数，只会随着这个态度更加端正而提升。

它和你的财富、名声、权力没有必然的关系。

无论你赚了多少钱，爬到多高的位置，你的其他方面的幸福程度都不会相应减少。

你越是选择单级增加它，越需要在其他地方补偿它。

因此，幸福守恒。

三
自由守恒定律

一个人的自由度取决于他知道多少自己不能干的事。

一个人把禁区看得多清晰，他的自由范围就有多大。

"自律"才能衍生自由。

凡是让你爽的东西，一定也会让你痛苦。

你越想胆大妄为、无所顾忌，你无形中的束缚就越多。

因此，自由守恒。

四
快乐守恒定律

一个人的快乐程度取决于他分享了多少。

它和你占有多少没有必然的关系。

因为每当你从外界获取了一分，你被推向对立的机会就增加了一分。

只有当你学会了给予，你才能收获快乐。

你越想通过占有获得满足感，你就会越被推向对立。

因此，快乐守恒。

五
聪明守恒定律

一个人的聪明程度，取决于他能把多少智慧用在正道上。

真正有智慧的人，都明白天道酬勤，都在默默下苦功夫。

如果一个聪明人，总想投机取巧或者寻找捷径，他必将遭受惨败。

你越是聪明，越需要下笨功夫。

因此，聪明守恒。

六
得失守恒定律

一个人能得到多少东西，取决于他最终敢于舍弃多少东西。

每一件得到的东西，都是用失去的东西换回来的。

一个人如果什么都想得到，最后往往什么都得不到。

一个人如果什么都不想要，最后往往什么都是他的。

你越想得到，就越需要舍弃！

因此，得失守恒。

七
价值守恒定律

一个人的价值取决于他能否正确给自己定位。

这个定位的精确性，决定了一个人的价值增长空间。

所有的蛮力和固执，都不能提升你的价值。它们只能让你更加清醒地认知自我。

人，要对真正的自己有所敬畏。

你越模仿和跟风他人，越失去自我。

因此，价值守恒。

八
财富守恒定律

一个人最终拥有的财富值，取决于他对世界创造的价值总量。

无论你曾遇到了多大的机遇，财富达到多大量级，还是一直遭受困难，现实总让你一贫如洗；无论你是少年得志，春风得意，还是你生不逢时，怀才不遇，总有一个大转折出现，重塑你的财富。

你越想投机，面前的埋伏就越多！

因此，财富守恒。

九
人生守恒定律

人生，就是一场均值回归的过程！

均值是什么？

均值就是最本质、最有价值的地方，也是最真实的自己！

无论你登上了多高的巅峰，无论你跌落到多深的低谷，一切都会回归均值！

只不过有人坐的是过山车，大起大落，有的人坚持脚踏实地前行；有的人先扬后抑，有的人先抑后扬，有的人一步一个台阶。

人生真的不必那么焦虑，脚踏实地做好自己，前面少的后面自然会补上，这里少的那里自然也会补上。

这就是人生的九大守恒定律，九九归一。

因此，人生守恒。

这个世界看似不公平，有人得势就一飞冲天，有人被埋没得无影无踪。但是，如果我们把时间拉长一点，就会发现这个世界很公平。

人生三不争

　　人生在世，必须铭记三句话：千万不要和小人争利，千万不要和蠢人争理，千万不要和君子争名。

一
不和小人争利

　　小人永远都是以自身利益为先的，他们在利益面前会放弃一切，也会为了利益而使出各种手段。因此，如果我们和小人争夺利益，往往会被他们算计，得不偿失。

　　把利益让给小人，是"成全"他们的最好办法。

　　争利，应该和君子去争，因为君子的竞争是光明正大的竞争，真正的竞争就应该是公开的。这种争利不仅不会伤害到我们，反而会引导我们进步。

二

不和蠢人争理

我见过最愚蠢的行为，就是有的人总要和蠢人争理。

很多愚蠢的人都喜欢争面子，因为他们往往都有一种自卑的心理。这种自卑导致他们产生了一种补偿心理，他们总是想在一些场合获得认同感，尽管他们都是外强中干。

因此，出于人道主义精神，我们应该适当地给他们面子，千万不要刺激他们脆弱的内心，甚至去讽刺他们，这往往会触发他们内心的极端情绪。

换一个角度来说，如果你和一个愚蠢的人争理，只能说明你们是同一个层次。如果你很介意一个蠢人的看法，这说明你也并不比他们高明多少。

三

不和君子争名

君子最看重的就是自己的名节，声誉和地位对他们来说是至关重要的东西，因此，我们在关键时刻，应该把名位让给他们。

而且君子往往不会过于看重眼前的利益，他们甚至敢于舍弃自己的利益，这样的人应该在名誉方面得到补偿。

如果你和君子争名，你必将牺牲极大的代价才能换回名望，这是得不偿失的。

跟君子共事，把名望让给他，你就能得到利益；

跟小人共事，把利益让给他，你就能得到名望；

跟蠢人共事，把道理让给他，你就能得到尊重。

无论何时何地，我们都必须知道，你面对的是什么人？他要的是什么？

如果他想要的你能满足他，那么你一定能顺势得到你想要的。

最后，大家要记住一句话："对症下药"不如"对人下药"。

世界上没有通用的方法，面对不同的人，应该采取不同的策略。

自我管理，过自律的生活

一

管理你的资源

一个人要想有所成就，第一大前提就是管理好自己的资源。

首先，你必须明白自己有什么资源。

俗话说："靠山吃山，靠水吃水。"我们可以生来贫穷，但绝不是生来就一无所有，因为上天总会在你身边放置一些东西，供你取用。

人生的第一个阶梯，往往是被自身现有资源撬动的，它可以很小，但很重要，如果这一步都做不到，就很难借用外界的资源了。

知己知彼，百战不殆。很多人千方百计地去了解和学习别人，就是不愿意静下心来想想自己究竟拥有什么。总是忽略自己的资源，总在窥探别人的东西，总以为好东西都在别人那里，或者盲目地学别人的方法，结果贻笑大方。

每个人的资源都不一样，因此，每个人的方法必然不一样，直接用别人的方法套在自己的身上，必然会出问题。

管理好资源的最高境界就是万物皆不为我所有，但万物皆可为我所用。这本身就是一个链接大于拥有的时代，社会的开放性越来越强，只要是有心人，身边的一切资源都是为他而准备的。

二
管理你的长处

一个人要有所作为，只能靠发挥自己的长处。

首先，你要能找到自己的长处。彼得·德鲁克认为，找到自己长处的唯一途径就是回馈分析法，每当做出重要决定或采取重要行动时，你都可以事先记录下自己对结果的预期。9到12个月后，再将实际结果与自己的预期进行比较。

这个简单的方法可以让我们发现自己的长处，时间长了你就能知道哪些事情会抑制你的发挥，哪些事情会帮助你发挥长处。

很多人抱怨自己怀才不遇，其实是你被放错了地方。一定要把你所有的精力放在能让你发挥出长处的地方。是骏马，就要到草原上驰骋；是雄鹰，就要搏击长空。

三

管理你的欲望

人有欲望很正常，人没有欲望就失去了动力，就失去了进取心。

关键是我们要学会管理自己的欲望，管理自己的欲望就是对欲望要做到可收可发，而不是欲望一旦燃起，就无法熄灭，任其扩张，那一定会酿成苦果。

大部分人在嗅到利益的时候，往往趋之若鹜，然后贪得无厌、不顾一切地往自己的怀里捞。然而，物极必反，乐极生悲，不懂得节制，就会为危机埋下伏笔。

只有认识到过分的欲望一定会带来灾难时，才能获得长久的富足和安乐。

当一个人学会管理自己欲望的时候，才配得上拥有大成就。

四

管理你的价值观

一个人对价值观的管理，决定了他一生的路线。

很多人一生忙于赚钱，认为赚大钱就是其人生价值的最高体现。这种人很有可能为了赚钱铤而走险，做很多风险极高的事，或者为了钱可以背叛很多东西，这就很容易出问题。

因此，价值观往往决定了一个人的行事风格。一个人如果不能有健康的价值观，就很难作风正派。价值观是检测一个人行为的试金石，因此，一个人对价值观的管理，其实大于对欲望的管理。

在准备好大干一场之前，我们必须管理好自己的价值观，很多人偏激、偏执，去蛮干硬拼，真的不敢想象这种人会做出什么事。

一个真正段位高的人必然拥有一个积极的价值观，这也是其立于不败之地的法宝。"身正不怕影子斜"，无论遇到何种变故，你的价值观都是你最好的护身符。

五
管理你身边的人

很多人能力确实不错，也懂得节制，但事业始终有瓶颈，这是为什么呢？

这是因为他们只善于管理自己，却不善于管理别人。

很多人自己做起事来虎虎生威，但一旦和别人合作，往往就会磕磕绊绊，最后索性自己单干。于是，他们只能单打独斗。

这里有一道很微妙的坎儿，一个人自己干得好并不算什么，关键还要看他能不能带动别人一起干好。管理好别人决定了他最终的高度和位置。

千军易得，一将难求。那些真正做大事的人，一定具备极好的组织和协调能力，这种人到最后可以不用自己干，因为他们把精力都放在了指挥上。

要想实现这一步，你要做的不再只是管理自己，还要管理别人。

管理自己属于做事，管理别人属于做人。让别人也能发挥长处，功劳超过管理好自己。

当然，这往往需要对人性的深刻了解，发扬人性光辉的一面，抑制人性阴暗的一面。

管理别人的长处，管理大家的时间，管理整个事业的进程，这些都是管理。跳出管理自己的圈子，进行更大格局的管理，这往往决定了一个人的最终成就。

人生就是一场管理。政治家、企业家无不是在管理中淬炼自己。即便是个体崛起的时代，我们依然需要自我管理。

管理无处不在，愿你成为自己的CEO。

"度"你身边的人

曾经有个读者给我发私信，大概的意思是，通过学习，他明白了很多道理，慢慢地开悟了，有了远大的志向。但他媳妇是一个普普通通的人，格局和智慧都不够高，两人经常发生矛盾。他认为对方不够懂自己，不知道是不是要离婚，前来问我的意见。

这种事情在如今很常见，很多夫妻都陷入了类似的问题中。有的干脆就分开了，还有很多即便没有分开，也早已是同床异梦。

如果你是他，你该如何面对这个问题？

其实，一个人最大的功德是度得了你身边的那个人。

一定有很多人会这样说：自己志在四方，想帮助更多的人，希望有更大的成就。

但同时还要明白一个道理：那些众人，也是由一个个凡人构成的，既然是凡人，那么就有凡人的局限，包括认知的局限、能力的局限、觉悟的局限。如果你连身边最亲近的凡人都拯救不了，何谈帮助那些遥远的凡人？

其实，世界上有很多这样的人，他们认为自己胸怀天下、志向远大，大到想成就无数的人，甚至想普度众生。

但低头一看，他连自己身边最亲近的人都度不了、成就不了。这和"一屋不扫何以扫天下"是同样的道理。

很多人之所以舍近求远，从本质上来讲，其实是想逃避现实的各种痛苦，因为改变身边的人是现实的，而成就大众却是遥远又虚幻的。他们宁可让一个虚幻的任务承载自己的理想，也不愿意面对现实的各种具体问题。

他们对眼前的问题视而不见，却对遥远又虚幻的外界摩拳擦掌，跃跃欲试。所谓"改变世界"也好，"普度众生"也好，其实都只不过是逃避现实的借口。因为身边的人带来的问题才是最实实在在的，是需要一个个去解决的，而那些梦想和志向只需要张一下口就可以了。

衡量一个人有没有足够的能力，就看他是愿意面对现实的问题，还是逃避现实的问题，去追求解决更大、更远的问题。

那么，如何才能度得了你身边的人？

其实很简单，无论他是多么无知、任性、浅薄，你都要有足够的胸怀去容忍他，有足够的智慧去开导他，有足够的耐心去指引他。

如果你做不到，也许是因为你自己的境界和水平还不够高，你要继续提升自己，直到你可以做到为止。

的确，有时忍让很痛苦，不被理解很痛苦。但要知道，痛苦才是让一个人觉悟的最好方法。

一个人必须切实地经历这些痛苦，才能真正地理解人与人之间的各种苦难，才能懂得怎么和人相处。从这个角度来讲，这个人又何尝不是在度你？

俗话说："百年修得同船渡，千年修得共枕眠。"如果人生就是一场修行，枕边人就是你修行最好的引路人。

真实地面对你们之间的每一个问题，凡是让你觉得痛苦的地方，都是你修行的道场。

其实，很多夫妻耗尽一生给对方打差评。他们各自对外都是客客气气的，就是对自己的另一半非常不耐烦，甚至是看到就烦，说的每一句话都带着情绪。

但恰恰是这些时候，是提高自己心性的最好时机。当你忽然想发火的那一瞬间，如果你能压一下自己的情绪，体谅对方的难处，好好沟通，这就是修行。

如果你能连续十次这样压制住自己，这时，你自己的心性就磨炼出来了，你就会明白什么叫沟通，什么叫理解，什么叫掌控人性。

这个逻辑同样适用于父母和孩子之间、上司和下属之间、朋友之间。

当一个人学会将自己的情绪收放自如时，那么，无论到了什么场合，他都是能"控场"的人。

因此，表面来看，我们是在度身边的人，其实，我们是借身边的人来度自己。

因为只有他们才是最实实在在的，只有那些实实在在的东西，才能度得了我们。

所以，学会度你身边的人吧，一旦你能度得了身边的人，使他们从无知走向智慧，然后取得一定的成就，那么，你也一定能度得了更多的人，一定能成就更多的人。而一个人能成就的人越多，自己的成就也会越大。

一个人的功德，是从度身边的那个人开始的。

众生之所求，正是你所舍

关于买房你只要记住一句话，就永远都不会出错，那就是：国家让你买你就买，国家不让你买你就不买。

因为国家一定是逆市场而行的，当市场过热、大家不顾一切地去买房的时候，国家为了稳住经济环境，一定会出台政策打压房价，比如当下，这个时候抢房的人一定都是接盘的。大家越争着买，你就越不要买，要响应国家的号召。

当房产市场萧条、大家都不再去买房的时候，国家为了刺激经济、去库存，一定会出台政策支持大家去买房。这个时候去买房，一定是低谷时期进入的，是抄底时期。大家越不想买，你就越要出手，这才是真正的买房好时机。

其实，所有的投资要诀都是一样的，当别人恐惧时你要贪婪，当别人贪婪时你要恐惧。股票就是低点买进高点抛，低点时，一般人恐惧不敢买你就要买进。股票涨了，别人贪婪想多挣一点儿的时候，你就可以先抛了。

综上所述，投资的真正逻辑其实很简单，如果用一句话概括，那就是：响应国家号召，为人民服务。

这句话看似简单，但大道至简，真正能做到的人实在太少，因为绝大多数人都在追逐私利，如潮水般跟随市场而动，于是只能成为接盘者，而逆行者永远都是孤单地前行。

其实，这和中国商圣范蠡的"旱则资舟，水则资车"的逆周期商业思维是一样的，在涝的季节，就要开始准备旱天的时候所用的车，在旱季就要准备有水的时候用的舟了。

司马迁在《史记·货殖列传》中也说道：贵出如粪土，贱取如珠玉。意思是，趁价格上涨时，要把货物像倒掉粪土那样赶快卖出去；价格下跌时，要把货物像求取珠玉那样赶快收进来。

在抽丝剥茧、洞察大众行为之后，要逆人性而动、逆大环境而动、逆大多数人而动，只有这样你才能成为得利的极少数人。

"华尔街教父"本杰明·格雷厄姆说过："投资中的最大敌人，很可能就是自己。"因为投资就是跟人性博弈的过程，最强的对手一定是你自己。一旦你战胜了自己，就如同"跳出三界外，不在五行中"。宠辱不惊，看庭前花开花落；去留无意，望天上云卷云舒。

所谓人取我予、人弃我取，通俗一点儿说就是，别人不要的东西你拿起来，别人想要的东西你就给予。

众生之所求，正是你所舍。这看起来是一种施舍和慈善，是无我，却也是世界上最高境界的投资，是大我。

最终，一切有形资产都是身外之物，你在这一过程中形成的思想、格局才是你自己的。